사례중심
건설업 및 시설물관리
중대재해
안전보건 확보의무
가이드

박하용 편저

머 리 말

사업주 또는 경영책임자등이 안전보건확보의무를 이행하지 않아 발생하는 중대재해(중대산업재해 등)에 대하여 처벌을 강화하기 위한 「중대재해처벌법」을 2022년 1월 27일부터 시행하고 있지만, 건설공사장 등에서 지속적으로 중대재해가 발생하고 있다.

건설공사장 등에서 중대재해를 줄이기 위해서는 사업주 및 경영책임자등, 안전보건관리책임자 등이 안전보건확보의무 이행 등 많은 노력을 하여야 줄 일 수 있다고 생각됩니다.

이번에 「사례중심 건설업 및 시설물관리 중대재해 안전보건확보의무 가이드」를 펴내게 된 것도 재난관리책임기관, 건설업을 하는 기관 및 회사 등에서 건설공사장 및 시설물관리를 하는데 다소나마 도움을 드리고자 하는 목적에서 이 책을 펴내게 되었습니다.

이 책은 중대재해처벌법 안전보건확보의무, 도급인의 안전 및 보건 확보의무, 계약 및 사업관리 등으로 구성하였습니다. 법령이 개정되는 경우에는 개정된 규정을 적용하여야 할 것입니다.

책 내용의 오류나 부족한 부분에 대해서는 앞으로 지속적으로 보완해 나갈 것을 약속드리면서, 사업주 또는 경영책임자등이 중대재해처벌법 안전보건확보의무를 충실하게 이행하여 중대재해가 더 많이 감소되기를 기대하여 봅니다.

| 편저자 박 하 용

CONTENTS

제 1 장 안전·보건 확보의무

제 1 절 안전·보건 확보의무란? 9

제 2 절 안전·보건 확보의무 주요내용 및 작성사례 16

1. 안전·보건 목표와 경영방침 설정 16
2. 안전·보건업무를 총괄·관리하는 전담조직 설치 29
3. 유해·위험요인 확인 개선 절차마련, 점검 및 필요한 조치 38
4. 인력·시설·장비 구비와 유해·위험요인 개선, 예산편성 및 집행 50
5. 안전보건관리책임자 등의 충실한 업무수행 지원 60
6. 산안법에 따른 안전관리자, 보건관리자 등 전문인력 배치 79
7. 종사자 의견청취 절차 마련, 청취 및 개선방안 마련·이행 90
8. 중대산업재해 발생 시 등 조치 매뉴얼 마련 및 조치 여부 ·· 106
9. 제3자에게 도급, 용역, 위탁 등의 경우 종사자의 안전 및 보건확보를 위한 조치 147
10. 재해 발생 시 재발방지 대책 및 이행 조치 155
11. 관계 법령에 따라 시정 명령한 사항 이행 조치 167
12. 안전·보건 관계 법령 의무이행에 대한 점검 및 조치 173
13. 유해·위험 작업에 대한 안전·보건 교육 실시 점검 및 조치 196

CONTENTS

제 2 장 도급인의 안전 및 보건 확보의무

제 1 절 도급사업 개요 ········ 209
1. 도급사업 정의 ········ 209
2. 도급사업 안전·보건관리 필요성 ········ 211

제 2 절 도급인의 안전·보건확보 의무 내용 및 사례 ······ 213
1. 주요내용 ········ 213
2. 도급사업 안전·보건 활동 ········ 216
3. 적격 수급업체 선정 ········ 226
4. 자율체크리스트 ········ 230
5. 사업주 또는 경영책임자 조치할 사항 ········ 230
6. 수급업체 안전보건수준평가 세부기준 예시 ········ 232
7. 수급업체 안전보건수준평가 사례 ········ 233

제 3 장 계약 및 사업관리

제 1 절 추진배경 및 내용 ········ 243
1. 추진배경 ········ 243
2. 주요내용 ········ 244
3. 법 시행에 따른 신규 추진사항(비교표) ········ 246

CONTENTS

제 2 절 세부 주요내용 ·· **248**
   1. 일반적인 안전 및 보건 기준 ································· 248
   2. 계약 관련 평가 등에 관한 기준 ···························· 250
   3. 계약 요청 및 입찰 ··· 252
   4. 낙찰자 선정 평가 ·· 254
   5. 사업 집행 관리·감독 ·· 256

참고문헌 ·· **269**

제 1 장

안전·보건 확보의무

제 1 장 안전·보건 확보의무

제 1 절 안전 · 보건 확보의무란?

　중대재해처벌법은 사업주 또는 경영책임자등이 사업 또는 사업장의 안전보건관리체계 구축 등 안전 및 보건 확보를 이행하도록 의무를 부과한 법률로서 산업안전보건법 등 안전 · 보건 관계 법령에 따른 안전 · 보건조치가 철저히 이루어져 중대재해를 예방하는 목적으로 제정되었으며, 사업주 또는 경영책임자가 법에서 정한 안전 및 보건 확보의무를 다하지 않아 중대재해가 발생하면 처벌을 받을 수 있다.

　중대산업재해의 안전보건확보의무는 「중대재해처벌법」 제4조에 따라 사업주 또는 경영책임자등은 사업주나 법인 또는 기관이 실질적으로 지배 · 운영 · 관리하는 사업 또는 사업장에서 종사자의 안전 · 보건상 유해 또는 위험을 방지하기 위하여 그 사업 또는 사업장의 특성 및 규모 등을 고려하여 재해예방에 필요한 인력 및 예산 등 안전보건관리체계의 구축 및 그 이행에 관한 조치, 재해 발생 시 재발방지 대책의 수립 및 그 이행에 관한 조치, 중앙행정기관 · 지방자치단체가 관계 법령에 따라 개선, 시정 등을 명한 사항의 이행에 관한 조치, 안전 · 보건 관계 법령에 따른 의무이행에 필요한 관리상의 조치를 하여야 한다.

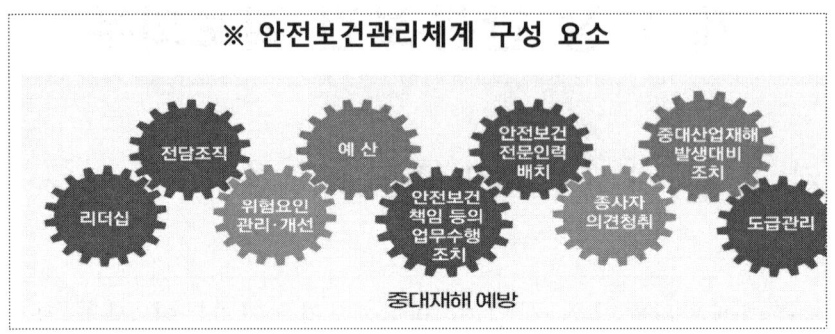

중대재해처벌법 중에서 가장 중요한 것이 안전보건확보의무이다. 안전보건확보의무는 중대재해로 재해가 발생한 경우에 안전보건확보의무를 이행하였는지에 따라 중대재해처벌법의 처벌 대상이 된다.

※ 중대재해처벌법과 수사

중대재해처벌법 위반 여부 수사는 중대재해가 발생한 경우에만 적용됩니다. 중대재해가 없으면 당연히 수사나 처벌도 없습니다. 그래서 중대재해 예방 노력이야 말로 가장 중요한 중대재해처벌법 대응전략입니다.

중대재해처벌법 수사 과정에서 주로 살펴보는 경영책임자의 안전에 관한 무관심, 주된 위험요인의 방치, 안전수칙 및 표준절차의 관행적인 미준수에 대한 묵인 등이 있었는지 여부입니다. **중대재해처벌법상 안전보건체계 구축을 의무화한 것도 경영책임자의 무관심, 위험의 방치와 미준수 관행의 묵인을 막기 위함**입니다.

설사 중대재해가 발생하였더라도 서류상만이 아닌 **현장관리자, 작업자의 인식과 행동 변화를 이끄는 실질적인 노력이 진행되어야 경영책임자가 책임을 면할 수 있습니다.** 현장의 위험요인을 파악하고 작업자들이 안전하게 작업하도록 계속적인 모니터링과 예산 및 인력의 투입, 교육, 적절한 인센티브(페널티) 등을 활용해야 합니다. 누구라도 주된 위험요인이나 작업자의 위험한 행동을 발견할 경우 절대 지나치지 않도록 조직문화를 만드는 것이 중요합니다.

※ 안전 및 보건 확보의무 및 이행 체계도

✅ **법 제4조(사업주와 경영책임자등의 안전 및 보건 확보의무)**

1 재해예방에 필요한 인력 및 예산 등 안전보건 관리체계의 구축 및 그 이행에 관한 조치 (법 제4조제1항제1호)

① 안전·보건 목표와 경영방침의 설정
② 안전·보건 업무를 총괄·관리하는 전담 조직 설치
③ 유해·위험요인 확인 개선 절차 마련, 점검 및 필요한 조치
④ 재해예방에 필요한 안전·보건에 관란 인력·시설·장비 구비와 유해·위험요인 개선에 필요한 예산 편성 및 집행
⑤ 안전보건관리책임자등의 충실한 업무수행 지원 (권한과 예산 부여, 평가기준 마련 및 평가·관리)
⑥ 산업안전보건법에 따른 안전관리자, 보건관리자 등 전문인력 배치
⑦ 종사자 의견 청취 절차마련, 청취 및 개선방안 마련·이행 여부 점검
⑧ 중대산업재해 발생 시 등 조치 매뉴얼 마련 및 조치 여부 점검
⑨ 도급, 용역, 위탁 시 산재예방 조치 능력 및 기술에 관한 평가기준·절차 및 관리비용, 업무수행기관 관련 기준 마련·이행 여부 점검

2 재해 발생 시 재발방지 대책의 수립 및 그 이행에 관한 조치 (법 제4조제1항제2호)

3 중앙행정기관·지방자치단체가 관계법령에 따라 개선, 시정 등을 명한 사항의 이행에 관한 조치 (법 제4조제1항제3호)

4 안전·보건 관계 법령에 따른 의무이행에 필요한 관리상의 조치 (법 제4조제1항제4호)

① 안전·보건 관계 법령에 따른 의무 이행 여부에 대한 점검
② 인력 배치 및 예산 추가 편성·집행 등 의무 이행에 필요한 조치
③ 유해·위험 작업에 대한 안전·보건 교육의 실시 여부를 점검
④ 미실시 교육에 대한 이행의 지시, 예산의 확보 등 교육 실시에 필요한 조치

✅ **법 제5조(도급, 용역, 위탁 등 관계에서의 안전 및 보건 확보의무)**

- 사업주 또는 경영책임자들은 사업주나 법인 또는 기관이 제3자에게 도급, 용역, 위탁 등을 행한 경우에는 제3자의 종사자에게 중대산업재해가 발행하지 아니하도록 제4조의 조치를 하여야 한다.
- 다만, 사업주나 법인 또는 기관이 그 시설, 장비, 장소 등에 대하여 실질적으로 지배·운영·관리하는 책임이 있는 경우에 한정한다.

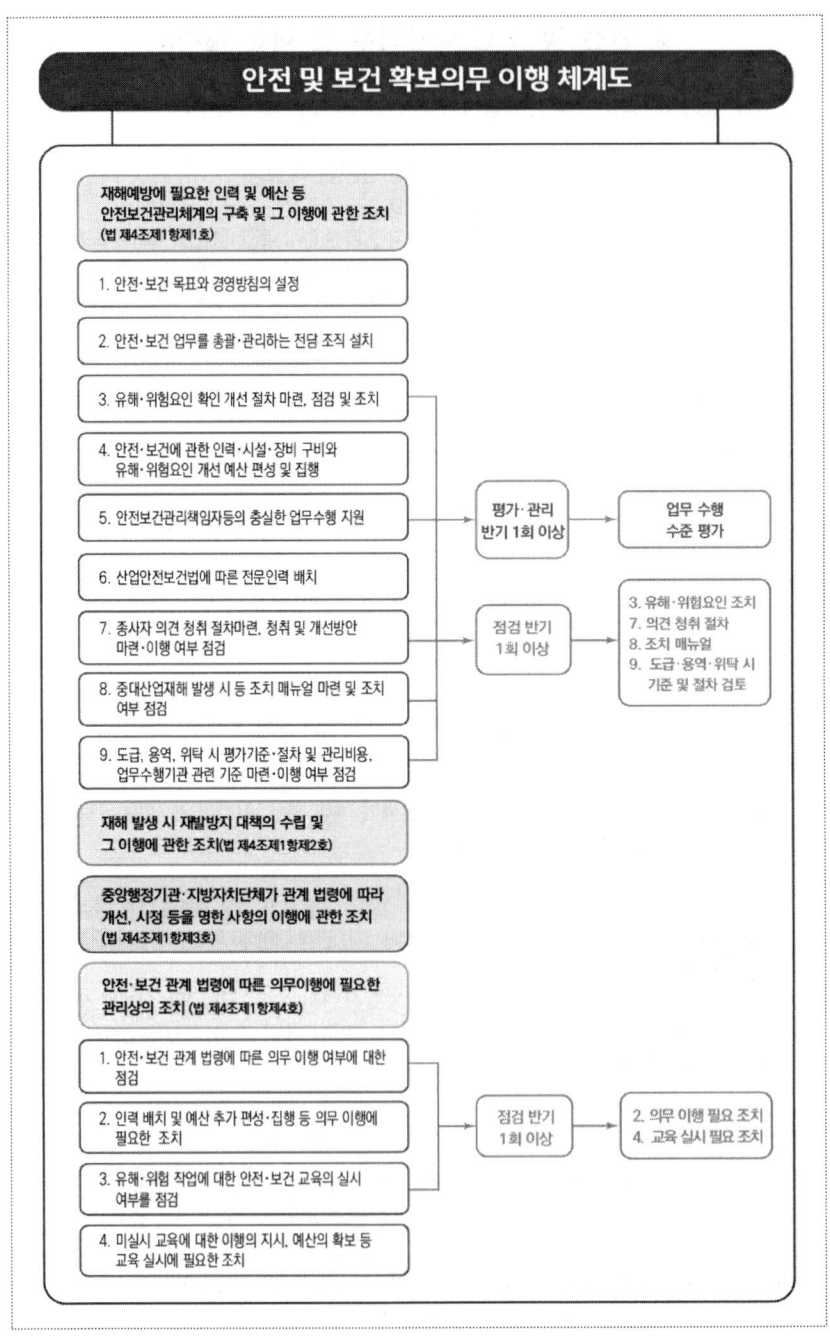

※ 중대재해처벌법 조항별 이행 순서도

순서	방법	내용
①	지배·관리 사업장 및 도급·용역·위탁사업 파악	• 본사, 지역 사업장 등을 파악하여 사업장 판단 기준에 따라 사업 또는 사업장 단위를 결정
②	조직·인력 등 확보	• 시행령 제4조 2. 본사 전담 조직 설치 6. 산업안전보건법에 따른 전문인력 구성
③	목표, 기준, 절차, 매뉴얼 마련	• 시행령 제4조 1. 안전보건에 관한 목표와 경영방침 설정 3. 유해·위험요인을 확인하여 개선하는 업무절차 5. 안전보건관계자의 업무수행 평가 기준 7. 종사자 의견 수렴 절차 8. 중대산업재해, 급박한 위험이 있을 경우 매뉴얼 9. 도급·용역·위탁 시 수급인의 산업재해 예방 조치 능력에 관한 평가기준, 안전보건을 위한 적정 관리비용 기준, 적정기간 기준
④	이행	• 시행령 제4조 1. 안전보건에 관한 목표와 경영방침 설정·이행 3. 유해·위험요인을 확인하여 개선하는 업무절차 4. 안전 및 보건 관련 예산 편성 및 집행 5. 안전보건관계자의 업무수행 평가 기준 7. 종사자 의견 수렴 절차 8. 중대산업재해, 급박한 위험이 있을 경우 매뉴얼 9. 도급·용역·위탁 시 수급인의 산업재해 예방 조치 능력에 관한 평가기준, 안전보건을 위한 적정 관리비용 기준, 적정기간 기준 • 시행령 제5조 1. 안전보건 관계 법령에 따른 의무 이행 3. 유해·위험한 작업에 관한 안전·보건에 관한 교육 실시
⑤	반기 1회 이상 점검	• 시행령 제4조 3. 유해·위험요인을 확인하여 개선하는 업무절차 5. 안전보건관계자의 업무수행 평가 기준 7. 종사자 의견 수렴 절차 8. 중대산업재해, 급박한 위험이 있을 경우 매뉴얼 9. 도급·용역·위탁 시 수급인의 산업재해 예방 조치 능력에 관한 평가기준, 안전보건을 위한 적정 관리비용 기준, 적정기간 기준 • 시행령 제5조 1. 안전보건 관계 법령에 따른 의무 이행 3. 유해·위험한 작업에 관한 안전·보건에 관한 교육 실시

중대재해처벌법 시행 이후 공사·공단과 시도 및 일부 시군구의 중대재해 업무를 담당하고 있는 공무원 등이 교육을 받는 다면 어떤 교육을 실시하는 것이 좋은지 설문조사를 실시한 결과이다.

1. 안전보건체계 구축 및 이행
2. 안전보건 확보의무 이행사항 점검
3. 중대재해처벌법 가이드라인
4. 중대재해처벌법 시행에 따른 계약 및 사업관리
5. 중대재해 관련 시설물 안전점검 체크리스트 및 점검사례
6. 중대재해관련 법령(산업안전보건법령, 건축법령 등)
7. 중대재해 사망사고 분석 및 사고사례
8. 기타사항으로 Q/A 등이다.

2022년 2월 행정안전부에서 실시한 정부합동 안전점검 대상 중 50억 이상의 건설공사장에 대하여 중대재해처벌법에 따른 안전보건확보의무사항에 대하여 이행하고 있는지 확인 결과 현장의 안전관리자 등이 안전보건확보의무 사항에 대하여 잘 준비가 되지 않고 있는 것으로 알 수 있었다.

그 만큼 중대재해처벌법에서 안전보건확보의무는 중요하다. 중대재해는 「중대재해처벌법」 제2조에 따라 "중대산업재해"와 "중대시민재해"를 말한다. 중대산업재해와 중대시민재해를 비교하면 아래와 같다.

중대산업재해와 중대시민재해 비교

구분	중대산업재해	중대시민재해
적용 대상	• 산업안전보건법 제2조제1호에 따른 <u>산업재해</u>	• 특정 원료 또는 제조물, 공중이용시설 또는 공중교통 수단의 설계, 제조, 설치, 관리상의 결함을 원인으로 하여 발생한 재해
피해	• 사망자가 1명 이상 <u>발생</u> • <u>동일한 사고로 6개월 이상 치료가 필요한 부상자</u>가 2명 이상 발생 • 동일한 <u>유해요인</u>으로 급성 중독 등 대통령령으로 정하는 <u>직업성 질병자</u>가 1년 이내에 3명 이상 발생한 경우	• 사망자가 1명 이상 발생 • 동일한 사고로 2개월 이상 치료가 필요한 부상자가 10명 이상 발생 • 동일한 원인으로 3개월 이상 치료가 필요한 질병자가 10명 이상 발생

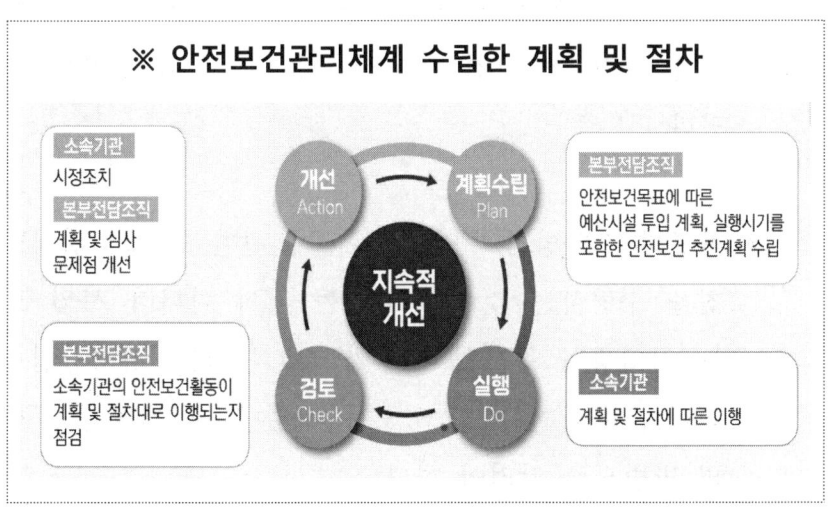

제 1 장 안전·보건 확보의무

제 2 절 안전·보건확보의무 주요내용 및 작성사례

1. 사업 또는 사업장의 **안전·보건**에 관한 **목표와 경영방침 설정**

1) 주요내용
- **근거** : 「중대재해처벌법」 제4조 및 같은 법 시행령 제4조제1호에 따라 목표를 설정하여야 한다.

- **의의** : 사업 또는 사업장의 안전·보건에 관한 지속적인 개선 및 실행 방향을 의미한다. 경영책임자의 안전·보건에 관한 지속적인 개선 노력 등이 종사자에게 효과적으로 전달될 수 있다고 평가될 때 비로소 안전·보건에 관한 목표와 이를 위한 경영방침 수립 등을 안전 및 보건 확보의무의 이행으로 평가할 수 있다.

- **목표와 경영방침** : 안전·보건에 관한 목표와 경영방침을 수립하는 것에서 그치는 것이 아니라 사업 또는 사업장의 종사자 모두가 그 목표와 경영방침을 인식하고 실천할 수 있도록 사업장 내 게시하는 등의 방법으로 알려야 한다.

특히 반복적인 재해 등에도 불구하고 이를 감소하기 위한 경영적 차원에서의 노력이나 구체적인 대책방안 등을 반영한 목표나 경영방침을 수립하지 아니한 경우에는 안전 및 보건을 확보하기 위한 수단으로서의 목표나 경영방침 수립을 명확히 해태한 것으로 볼 수 있다.

기업에서 안전보건관리체계 구축과 이행을 위한 가장 중요한 요소는 안전보건 경영을 최우선으로 두겠다는 경영책임자의 관심과 의지이다. 안전보건에 관한 구성원의 인식과 행동의 변화를 가져오려면 경영책임자가 기업의 목표와 경영방침에 안전보건의 내용을 포함시키고 구체적인 실천으로 구성원의 신뢰를 높여야 한다.

경영방침은 간결하게 문서화하여 구성원과 이해관계자에게 전자우편, 각종회의체, CEO메시지 등의 방식으로 주기적으로 알리고 이를 준수하도록 요청하여야 한다. 종사자들에게 경영책임자가 안전보건 경영에 계속해서 관심을 가지고 있다는 사실을 알리는 것이 중요하다.

- **설정자** : 사업자 또는 경영책임자

- **설정철차** : 매년 안전보건계획을 수립하여 이사회에 보고·승인을 받고 성실히 이행 <산업안전보건법 제14조>

중대산업재해 안전·보건에 관한 목표와 경영방침 수립 시 고려할 사항

- 사업 또는 사업장의 유해·위험 요인 등 특성과 조직 규모에 적합한 것으로 수립하여야 함
- 달성 가능한 내용으로서 측정 가능하거나 성과평가가 가능한 것으로 수립하여야 함
- 안전·보건에 관한 목표와 경영방침 간에는 일관성이 있어야 함
- 종사자 및 이해관계자 등이 공감할 수 있어야 하며, 종사자와의 협의를 통해 수립하는 것이 바람직하며 종사자가 인식하고 함께 노력하여야 함
- 목표를 수정할 필요가 생겼을 때는 필요에 따라 목표를 수정하여 추진하는 것이 합리적임

안전보건 과정 중심 목표 예시

- 경영방침 게시 건수(온·오프라인)
- 고위험 발굴 및 개선 이행률
- 위험요인 발굴 건수
- 작업표준 및 지침서 변경 시 개정률
- 안전보건 경영방침에 대한 근로자 인지율
- 안전보건 예산·인력 증감률
- 근로자의 위험요인·아차사고 신고 건수
- 산업안전보건위원회 개최 건수
- 기계·설비의 정기검사 실시율
- 안전작업절차서 도입·개선 건수

- 작업허가제 등 도입·개선 건수
- 산업안전보건교육 이행률
- 재해시나리오별 조치계획 수립 건수
- 비상조치계획 훈련 건수
- 건강검진 실시율
- 유소견자 상담률
- 배치 전 건강검진 실시율

2) 자율체크리스트

구분	점검내용	점검결과
안전보건 목표	• 사업 또는 사업장의 유해·위험 특성 및 규모를 고려하여 기업 전체, 본사, 사업부서별 목표가 설정되어 있다.	적정/ 부적정
	• 목표에 재해자 수 등 경과지표와 더불어 안전보건 활동 등 과정지표가 포함되어 있다.	적정/ 부적정
안전보건 경영방침	• 경영방침에 모든 종사자의 생명보호와 작업장의 안전을 최우선 목표로 한다는 취지를 명확하게 밝히고 있다.	적정/ 부적정
	• 사업장의 유해·위험요인의 개선을 위해 우선적으로 예산과 인력을 배정하도록 하는 내용을 포함하고 있다.	적정/ 부적정
	• 경영방침을 모든 종사자와 이해관계자가 쉽게 알 수 있도록 인트라넷, 게시판 등을 통해 공개하고 있다.	적정/ 부적정

3) 사업주 또는 경영책임자 조치할 사항

■ 건설업 등
  ▶ 안전·보건에 관한 목표와 경영방침 설정

■ 중앙행정기관 등
  ▶ 경영방침 수립
  ▶ 본부, 사업장별, 사업부서별 안전보건에 관한 목표를 설정하고 평가
  ▶ 안전보건에 관한 목표는 안전보건관리체계 구축 및 이행을 위한 과정을 평가할 수 있는 지표로 설정
  ▶ 사무실, 휴게공간, 현업 작업장 등에 경영방침 게시

4) 작성 예시

■ 안전보건경영방침

안 전 보 건 경 영 방 침

○○기업은 경영활동 전반에 전 사원의 안전과 보건을 기업의 최우선 가치로 인식하고, 법규 및 기준을 준수하는 안전보건관리체계를 구축하여 전 직원이 안전하고 쾌적한 환경에서 근무할 수 있도록 최선을 다한다.

이를 위해 다음과 같은 안전보건활동을 통해 지속적으로 안전보건환경을 개선한다.

1. 경영책임자는 '근로자의 생명 보호'와 '안전한 작업환경 조성'을 기업경영활동의 최우선 목표로 삼는다.
2. 경영책임자는 사업장에 안전보건관리체계를 구축하여 사업장의 위험요인 제기·통제를 위한 충분한 인적·물적 자원을 제공한다.
3. 안전보건 목표를 설정하고, 이를 달성하기 위한 세부적인 실행계획을 수립하여 이행한다.
4. 안전보건 관계 법령 및 관련 규정을 준수하는 내부규정을 수립하여 충실히 이행한다.
5. 근로자의 참여를 통해 위험요인을 파악하고, 파악된 위험요인은 반드시 개선하고, 교육을 통해 공유한다.
6. 모든 구성원이 자신의 직무와 관련된 위험요인을 알도록 하고, 위험요인 제거·대체 및 통제기법에 관해 교육·훈련을 실시한다.
7. 모든 공급자와 계약자가 우리의 안전보건 방침과 안전 요구사항을 준수하도록 한다.
8. 모든 구성원은 안전보건활동에 대한 책임과 의무를 성실히 준수토록 한다.

○○○○년 ○○ 월 ○○ 일

○○ 기업 대표이사 (서명)

■ 안전보건 목표 및 추진계획서 작성 예시

안전보건활동 목표/세부 추진계획							결재	작성	검토	승인

전사 목표	목표/세부 추진계획		추진일정				성과지표	담당 부서	예산 (만원)	달성률 (%)	실적/부진사유
			1분기	2분기	3분기	4분기					
산재 사고 감소 00% 목표	정기 위험성평가	계획	O				1회/년 이상	전 부서	500	100%	- 3/20 30개 공정 실시
		실적									
	수시 위험성평가	계획	O	O	O	O	수시	전 부서		5건	- 4/15 1공장 라인증축 등 5건
		실적									
	고위험 개선	계획					개선 이행 100%	전 부서	-	100%	- 고위험 30건 개선완료
		실적									
	아차 사고 수집	계획	O	O	O	O	1건/월/인당	안전	-	50%	- 80건 발굴 및 개선완료 - 참여 독려를 위한 이벤트 추진 예정
		실적									
	산업안전보건 위원회	계획	O	O	O	O	1회/분기	안전	-		
		실적									
	작업표준 제·개정	계획	O	O	O	O	변경 시	안전	-		
		실적									
	합동안전점검	계획	O	O	O	O	1회/월	안전	-		
		실적									
	비상조치훈련	계획	O	O	O	O	1회/분기 (화재, 누출, 대피, 구조)	전 부서	30	75%	- 2/10 화재진압 훈련 - 4/15 가스누출 대비 * 코로나19로 구조훈련 미실시
		실적									
	작업허가서 발부	계획	O	O	O	O	단위 작업별	전 부서	-		
		실적									
	작업 전 미팅(TBM) 실시	계획	O	O	O	O	단위 작업별	전 부서	-		
		실적									
	안전관찰제도 운영	계획	O	O	O	O	1건/월/인당	전 부서	-		
		실적									
	안전보건 예산 집행	계획	O	O	O	O	수립예산 이행	전 부서	-		
		실적									
	성과측정 및 모니터링	계획				O	1회/반기	전 부서	-		
		실적									
	시정조치 이행	계획	O	O	O	O	수시	전 부서	-		
		실적									
	경영자 검토	계획				O	1회/반기	안전	-		
		실적									

5) 작성 사례

(1) A기관 안전보건경영 방침

안전보건경영방침

○○○○  부는

우리부 활동 전반에 종사자의 안전과 보건을 최우선 가치로 인식하고
법규 및 기준을 준수하는 안전보건관리체계를 구축하여,
모든 종사자가 안전하고 건강한 환경에서 근무할 수 있도록 최선을 다한다.
이를 위하여 다음과 같은 안전보건활동을 통하여
지속적으로 안전보건 환경을 개선한다.

1. 장관은 종사자의 생명 보호와 안전한 근무환경 조성을 안전보건활동의 최우선 목표로 삼는다.
2. 장관은 안전보건관리체계를 구축하고, 이를 실천하기 위한 목표와 세부실행계획을 수립하여 이행한다.
3. 장관은 사업 또는 사업장의 유해·위험요인을 제거하거나 대체·통제하기 위한 충분한 인적·물적 자원을 제공한다.
4. 장관은 종사자가 자신의 직무와 관련된 유해·위험요인을 인지할 수 있도록 교육·훈련을 실시하고, 종사자의 참여를 통해 유해·위험요인을 개선한다.
5. 장관은 도급, 위탁, 용역 등과 관련된 공급자·계약자가 우리부의 안전보건경영방침과 안전보건 요구사항을 준수하도록 한다.
6. 장관과 모든 종사자는 안전보건 관계 법령과 관련 규정을 준수하고 충실히 이행한다.

2022년 1월 25일

○○○○장관   ○ ○ ○   (서명)

(2) B회사 안전·보건 방침

안전 · 보건 · 환경 방침

○○○○ 은 인명 존중 이념 아래 안전·보건·환경을 기업의 최우선 가치로 인식하고 사람·사회·미래를 위한 사회적 책임과 더불어 인류의 행복한 삶을 증진시키기 위해 최선을 다한다.

위 사항을 이행하기 위하여 ○○○○ 은

① 안전·보건·환경과 관련된 법규 및 기준을 준수한다.

② 사전예방 중심의 안전·보건·환경 체계를 구축한다.

③ 안전하고 건강하며 환경 친화적인 작업환경을 제공한다.

④ 근로자를 포함한 이해관계자와 소통하고 배려한다.

⑤ 안전·보건·환경 활동의 주기적인 검토를 통해 안전·보건·환경 시스템을 지속적으로 개선한다.

모든 임직원은 상기 방침을 충분히 숙지하고 적극적으로 실천한다.

○○○○대표이사 ○○○(서명)

(3) C회사 안전·보건 방침

안전보건 경영방침

1. 기본과 원칙 준수

- 확실한 기준을 정립하고 전사, 사업부, 현장 및 협력회사가 한 방향으로 중점 안전관리계획을 수립하고 이행한다.
- 본사 및 현장은 유기적인 협업체계를 구축하고 효율적인 위험성평가(Risk Assessment)활동으로 잠재위험을 사전에 제거한다.
- 근로자의 안전보건과 관련된 산업안전보건법 등 관계법령과 내부규정을 준수한다.

2. 안전하고 청결한 작업환경 유지

- 쾌적하고 안전한 작업환경을 조성하고, 근로자의 건강 증진활동을 전개한다.
- 직원, 근로자간 원활한 소통을 통해 안전한 작업환경에 대한 공감대를 형성한다.
- 지속적인 교육과 훈련을 통한 근로자의 안전의식 수준을 고양시킨다.

상기 방침을 기본으로 전 직원 및 협력회사가 보유한 모든 기술과 역량을 최대한 발휘하여 안전관리 활동을 지속적으로 전개하고 발전시켜 나간다.

2022 년   01월   01일

○○○○ 주식회사 대표이사 ○ ○ ○ (서명)

(4) D회사 안전·보건 방침 및 목표

2022 안전보건목표

【 중대재해 ZERO 】

- 본사 및 현장은 유기적인 협업체계를 구축하여 사업별, 현장별 특성에 맞는 교육시스템 수립과 지속적인 위험성 평가 개정, 확인을 진행하여 잠재 위험성의 사전 발굴 및 신속한 후속 안전조치로 전 사업장에서 근본적으로 중대재해를 없애는데 최선을 다 할 것이다.

- ○○○○ 은 근로자의 안전보건과 관련된 산업안전보건법 등 관계법령과 내부규정을 준수한다.

상기 방침을 기본으로 전 직원 및 협력회사가 보유한 모든 기술과 역량을 최대한 발휘하여 안전관리 활동을 지속적으로 전개하고 발전시켜 나간다.

2022 년 01월 01일

㈜○○○○대표이사 ○ ○ ○ (서명)

(5) E회사 안전·보건 방침 및 목표

안전 및 보건 경영방침

0000 (주)은 "신뢰감과 고객만족을 토대로한 안정적인 성장" 이라는 경영이념에 따라 안전을 최우선 가치로 설정하고, 모든 임직원은 안전 및 보건에 관한 기본과 원칙을 준수하여 무재해의 달성과 "건강하고 행복한 일터"를 구현하기 위하여 다음과 같이 안전보건 경영방침을 선언합니다.

안전보건 경영방침

1. 안전을 최우선 목표를 설정하고 이를 달성하기 위한 계획을 수립, 실행한다.

2. 본사 및 현장 모든 조직에 안전문화를 정착시킨다.

3. 안전보건법령 철저히 준수하고 안전운영시스템을 구축한다.

4. 작업공정 및 근무환경을 개선하여 근로자의 안전과 건강을 지킨다.

2022년 01월 01일

○○○○ 주식회사 대표이사 ○ ○ ○

경영방침에 대한 근로자 인지율	100%
중대산업재해	0건
중대시민재해	0건

기계.설비.공구 정기점검 실시율	100%
위험요인.아차사고 요인 발굴 건수	50건 이상
안전작업절차서 도입.개선 건수	20건 이상

○○○○주식회사 대표이사 ○ ○ ○(서명)

2. 안전·보건에 관한 업무 총괄·관리하는 전담 조직 설치

1) 주요내용

- **근거** : 「중대재해처벌법」 제4조 및 같은 법 시행령 제4조제2호에 따라 전담조직을 두어야 한다.

- **의의** : 중대재해처벌법령 및 안전·보건 관계 법령에 따른 종사자의 안전·보건상 유해·위험 방지 정책의 수립이나 안전·보건 전문 인력의 배치, 안전·보건 관계 예산의 편성 및 집행관리 등 법령상 필요한 조치의 이행이 이루어지도록 하는 등 사업 또는 사업장의 안전 및 보건 확보의무의 이행을 총괄·관리하는 것을 말한다.

- **전담조직** : 사업장의 모든 안전조치 및 보건조치 등 안전 및 보건에 관한 업무를 전담 조직에서 직접적으로 수행하라는 뜻은 아니다.

  전담조직은 특정한 목적을 달성하기 위한 집단으로 다수의 결합체를 의미한다.

  중대재해예방과 이를 이한 체계 구축은 기업경영 전반에서 이해되고 중요하게 고려될 때 실질적인 예방효과를 가져올 수 있다. 규모가 큰 기업일수록 위험요소가 다양하고 복합적이므로 안전보건에 관한 기업 전체의 컨트롤타워 역할을 하는 전담조직을 구성하여야 한다. 기업이 추구하는 다양한 가치들이 충돌할 때 전담조직이 없다면 안전보건 사항이 고려되기 어렵고 결국에는 더 큰 위기를 초래할 수 있다.

전담조직 구성원의 자격에 관한 별도의 기준은 없으나 안전·보건과 함께 경영시스템까지 고려할 수 있는 유능한 인력을 배치하는 것이 바람직하다.

안전·보건 전담조직은 부서장과 해당 부서원 모두 안전·보건에 관해 특정 사업장이 아닌 전체 사업 또는 사업장을 총괄·관리하여야 한다.

전단조직은 안전·보건과 무관하거나 생산관리, 일반행정 등 안전보건과 목표의 상충이 일어날 수 있는 업무를 함께 수행할 수 없다.

- **전담조직 설치 대상**
  - ▶ 상시근로자 수가 500명 이상인 사업 또는 사업장
  - ▶ 평가하여 공시된 시공능력의 순위가 상위 200위 이내인 건설사업자

- **인원** : 「산업안전보건법」 제17조~제19조, 제22조에 따라 두어야 하는 인력이 총 3명 이상이다.

  전담조직의 인원수는 별도로 규정하고 있지 않으나

기업의 규모와 특성을 반영하여 2명 이상의 합리적 인원으로 구성하여야 한다.

> * 안전관리자, 보건관리자, 안전보건관리담당자, 산업보건의

알쏭달쏭 Q/A 1.1 사업장이 여러 개인 경우 전담조직은 꼭 본사에만 설치해야 하나요?

전담조직을 반드시 본사에 두어야 하는 것은 아닙니다. 다만, 전담조직은 경영책임자를 보좌하여 여러 사업장 전체에 대한 안전 및 보건에 관한 업무를 총괄·관리하는 기능을 수행해야 하므로 경영책임자가 업무를 수행하는 본사에 설치하는 것이 바람직하다.

알쏭달쏭 Q/A 1.2 전담조직에서 소방업무, 시설관리업무, 전기업무 등을 같이해도 되나요?

전담조직은 개인사업주 또는 법인의 경영책임자를 보좌하고 안전·보건에 관한 컨트롤타워 역할을 하는 조직으로 소방, 시설관리, 전기 등의 업무가 아닌 위 작업들에 대한 유해·위험요인의 개선여부를 점검하는 등 안전·보건상의 관리업무를 하는 조직입니다.
따라서, 전담조직에서 안전·보건 업무를 수행하는 자는 소방, 시설관리, 전기 등의 업무를 함께 수행할 수 없고, 생산관리, 일반 행정 등 안전보건관리와 상충되는 업무를 함께 수행할 수 없다.

알쏭달쏭 Q/A   1.3   전담 조직은 꼭 경영책임자등의 결재를 받아야 하나요?

▶ 종사자에 대한 안전 및 보건 확보의무는 경영책임자의 의무이고, 이를 위반하여 중대산업재해가 발생한 경우 그 책임은 경영책임자에게 귀속됩니다.

전담 조직의 역할은 경영책임자의 안전 및 보건 확보의무가 실효적으로 이행되도록 함으로써 중대산업재해를 예방하는 것이므로, 그 주요 업무수행에 경영책임자에게 보고하고 결재를 받을 필요가 있습니다.

특히, 「중대재해처벌법」 제4조 및 제5조에 따라 경영책임자가 보고 받도록 규정한 사항에 관하여 경영책임자가 보고를 받지 않는다면, 이는 그 자체로 안전 및 보건 확보의무 위반이 될 수 있습니다.

알쏭달쏭 Q/A   1.4   전담 조직 구성원의 자격 기준이 있는지요?

▶ 중대재해처벌법상 전담 조직의 구성원에 대해서는 별도의 자격 기준은 없습니다. 다만 안전 경영의 측면에서 전체 사업 또는 사업장의 안전 및 보건에 관한 업무를 총괄·관리하기에 적합한 직무수행 능력을 가진 인력으로 전담 조직을 구성하는 것이 바람직합니다.

2) 자율 체크리스트

구 분	점검내용	점검결과
전담조직설치 대상인경우	• 법 제4조와 제5조에서 정하고 있는 확보의무를 총괄·관리하는 조직을 구성했다 * 전담조직은 최소 2명 이상으로 구성	적정/ 부적정
중소기업의 경우	• 관련 법령의 기준에 따라서 안전보건 전문 인력을 채용 배치했거나 외부 안전·보건 전문기관 등에 위탁했다.	적정/ 부적정

3) 사업주 또는 경영책임자 조치할 사항

■ 건설업 등
▶ 안전·보건에 관한 업무를 총괄·관리하는 전담조직 구성
▶ 관련 법령에 따라 안전보건 전문 인력을 채용 배치하거나, 외부 안전·보건 전문기관 등에 위탁

■ 중앙행정기관 등
▶ 본부에는 안전·보건 전담조직, 본부 안전·보건 전문 인력 등 구성
▶ 소속기관에는 안전·보건 전문 인력 등 구성
▶ 해당부서에서는 안전보건팀에 안전보건 관련 외의 업무부여 금지

* 특히, 업무분장 등에 안전보건과 무관한 업무가 포함되지 않도록 주의

4) 전담조직 설치 예시

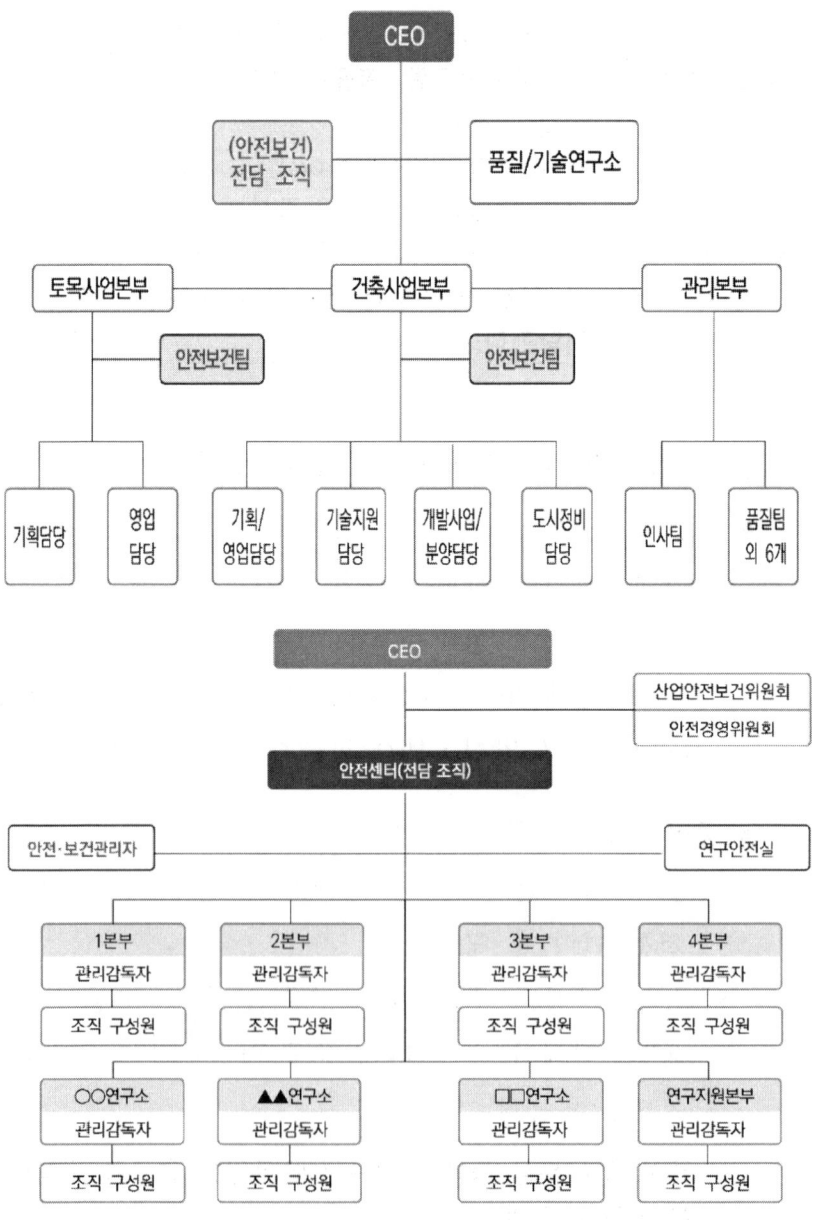

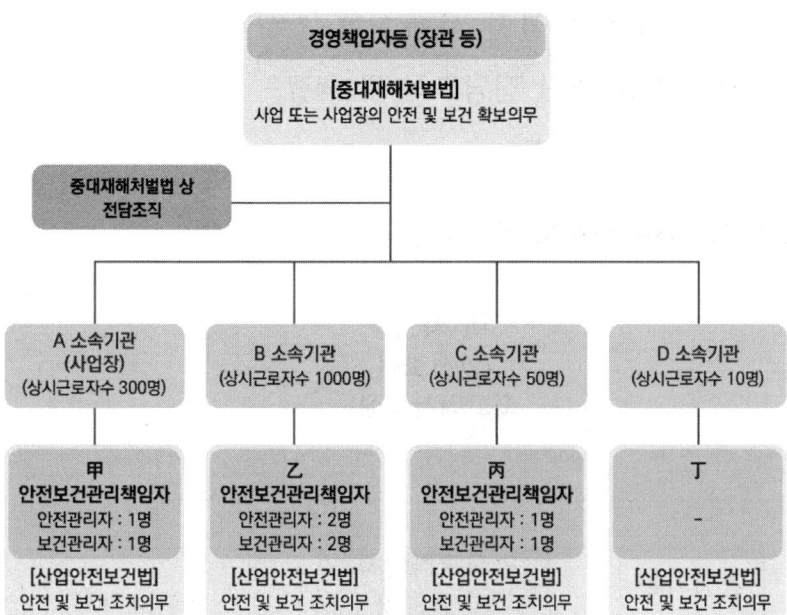

제 1 장 안전·보건 확보의무

5) 전담조직 설치 사례

(1) A기관 안전 전담조직 및 역할

□ 안전 관련 조직도 및 책임자

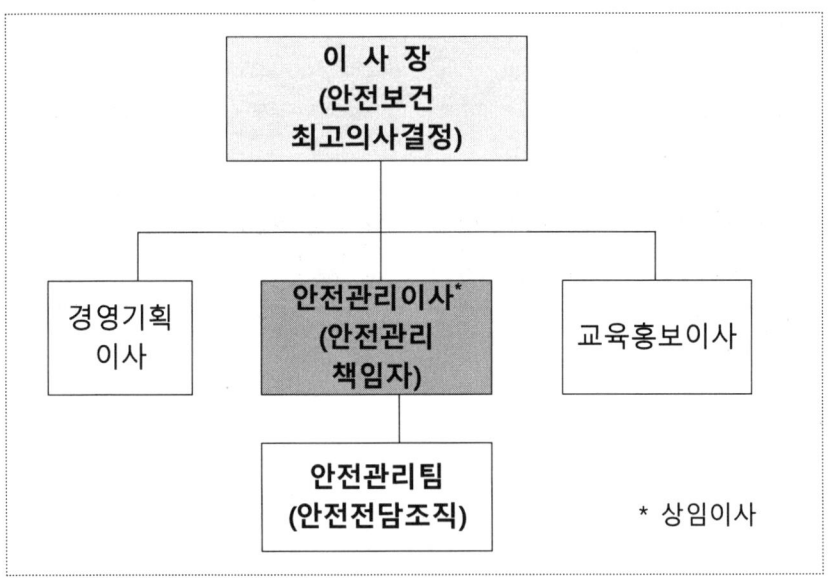

□ 안전 전담조직 업무분장

○ 안전경영체계 구축·유지 및 확산을 위한 업무 총괄

○ 안전한 근무환경 조성 및 정착을 위한 안전 업무 총괄

○ 현장안전관리 활동 지원에 대한 업무 총괄

(2) B회사 안전 전담조직

1. 본사조직

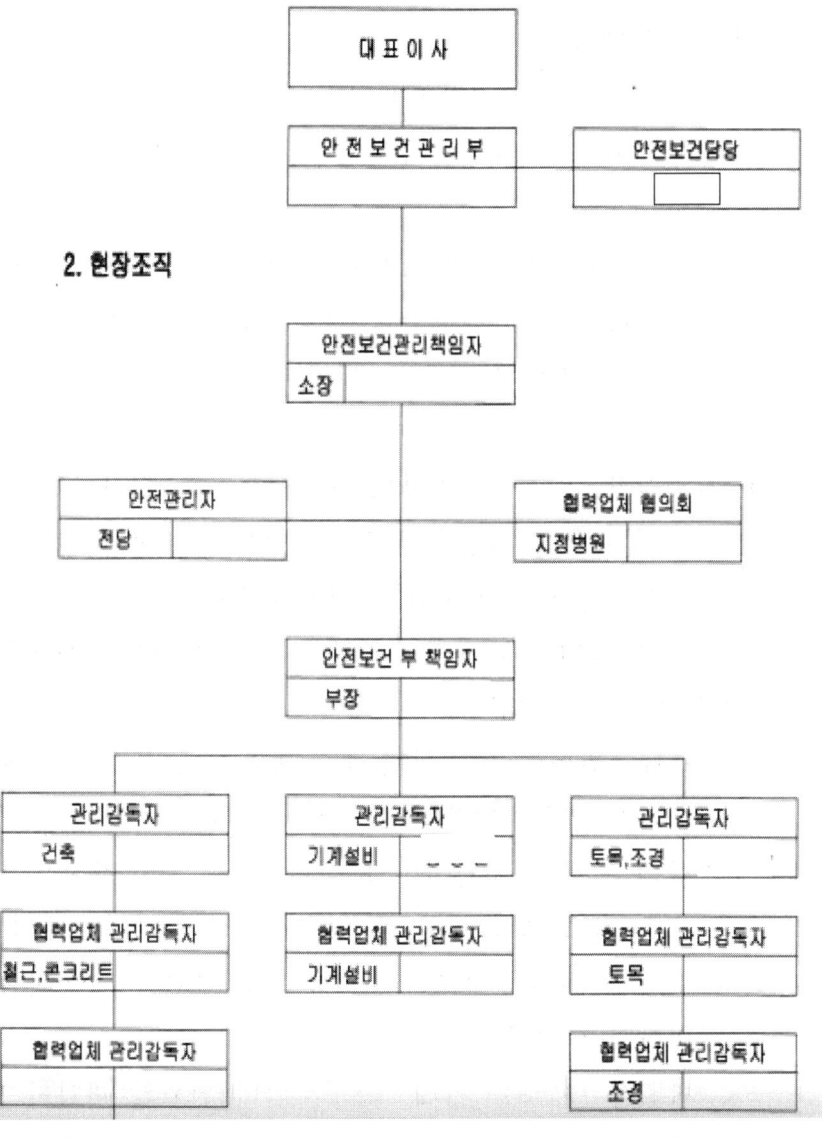

2. 현장조직

3. 유해·위험요인 확인 개선 절차 마련, 점검 및 필요한 조치

1) 주요내용
- 근거 : 「중대재해처벌법」 제4조 및 같은 법 시행령 제4조제3호에 따라 전담조직을 두어야 한다.

- 의의 : 사업 또는 사업장의 특성에 따른 업무로 인한 유해·위험요인의 확인 및 개선 대책의 수립·이행까지 이르는 일련의 절차를 의미한다.

- 업무절차 : "유해·위험요인을 확인하는 절차" 는 누구나 자유롭게 사업장의 위험요인을 발굴하고 신고할 수 있는 창구를 포함하는 개인사업주 또는 경영책임자등이 사업장의 유해·위험요인을 파악하는 체계적인 과정을 의미한다.
 유해·위험요인의 확인 절차에는 사업장에서 실제로 유해·위험작업을 하고 있는 종사자의 의견을 청취하는 절차를 포함하여야 한다. 모든 종사자 및 유지보수 작업, 납품을 위해 일시적으로 출입하는 모든 사람들이 제기한 유해·위험요인을 확인하는 절차를 마련하여야 한다.
 사업장 내 모든 기계·기구·설비 현황을 파악하고 기계·기구·설비마다 위험요인을 세부적으로 확인하여야 한다.

화재·폭발·누출의 위험이 있는 화학물질과 건강에 위해를 끼칠 우려가 있는 화학물질, 물리적 인자 등을 파악하여야 한다.

기계·기구·설비, 유해인자 및 재해 유형과 연계하여 위험장소와 위험작업을 파악하여 유해·위험요인을 가장 잘 아는 현장 작업자가 참여할 수 있도록 하여야 한다.

"**유해·위험요인을 개선하는 절차**"는 확인된 유해·위험요인을 체계적으로 분류·관리하고 유해·위험요인별로 제거·대체·통제하는 방안을 마련하여야 한다. 해당 사업장에서 발생할 수 있는 다양한 재해유형별로 산업안전보건법령 등을 참고하여 위험 기계·기구·설비, 유해인자, 위험장소 및 작업방법에 대한 안전조치 및 보건조치 여부를 확인 후 조치가 되어 있지 않으면 유해·위험요인이 제거, 대체, 통제 등 개선될 때까지는 원칙적으로 작업을 중지하고 조치가 완료된 후 작업을 개시하도록 하여야 한다.

■ **위험성평가** : 「산업안전보건법」 제36조에 따라 유해·위험요인을 파악하고 해당 유해·위험요인에 의한 부상 또는 질병의 발생 가능성(빈도)과 중대성(강도)을 추정·결정하고 그 결과에 따라 감소대책을 수립하여 실행하는 일련의 과정을 말한다.

중대재해를 예방하는 것이 핵심이며, 사업 또는 사

업장의 유해·위험요인을 확인하고 개선하는 것이 매우 중요하다. 사업장 내 중대재해를 발생시킬 수 있는 모든 유해·위험요인을 확인 및 개선하는 절차를 마련하고 실제로 이것이 이행되는지 확인하는 것이 중요하다.

- **반기 1회 이상 점검** : 점검은 사업장마다 반기 1회 이상 실시하여야 하며, 반드시 모든 사업장에 대한 점검을 동시에 하여야 하는 것은 아니다.

  위험성평가를 실시하고, 사업주 또는 경영책임자등이 그 결과를 보고받은 경우에는 그 확인·개선 절차 마련 및 점검을 한 것으로 본다. 다만 사업장이 여러 곳에 분산되어 있는 사업 또는 사업장에서 일부 사업장에 대해서만 위험성평가를 실시한 경우에는 모든 사업장에 대해 유해·위험요인의 확인 및 개선에 대한 점검을 한 것으로 볼 수 없다.

- **점검 후 필요한 조치** : 유해·위험요인의 확인 및 개선의 이행에 대한 점검에 그치는 것이 아니라, 점검 후 유해·위험요인에 대한 개선 조치가 제대로 이행되지 않은 경우에는 유해·위험요인의 제거, 대체, 통제 등 개선 될 수 있도록 하는 필요한 조치를 하여야 한다.

  "**필요한 조치**"는 서류상으로 기록을 남겨두는 것이 중요한 것이 아니라, 해당 유해·위험 수준에 맞는 실질적인 조치가 현장에서 직접 이루어질 수 있도록 하여야 한다.

- **유해·위험요인을 특별히 살펴야 할 시기** : 기계·기구·설비, 원재료가 새로이 도입되거나 변경될 때, 작업자가 변경될 때, 작업방법 또는 작업절차가 변경될 때 꼭 살펴야 한다. 이 경우 작성된 유해·위험요인 리스트를 확인하여 현행화하여야 한다.

> ※ 작업장에서 흔히 발생하는 7대 중대재해 위험요소 예시
> : 고소작업, 불량한 시설관리, 전기·전선작업, 굴착기·지게차 등 들어 올리는 기계, 잠금 및 표지부착, 화학물질, 밀폐공간

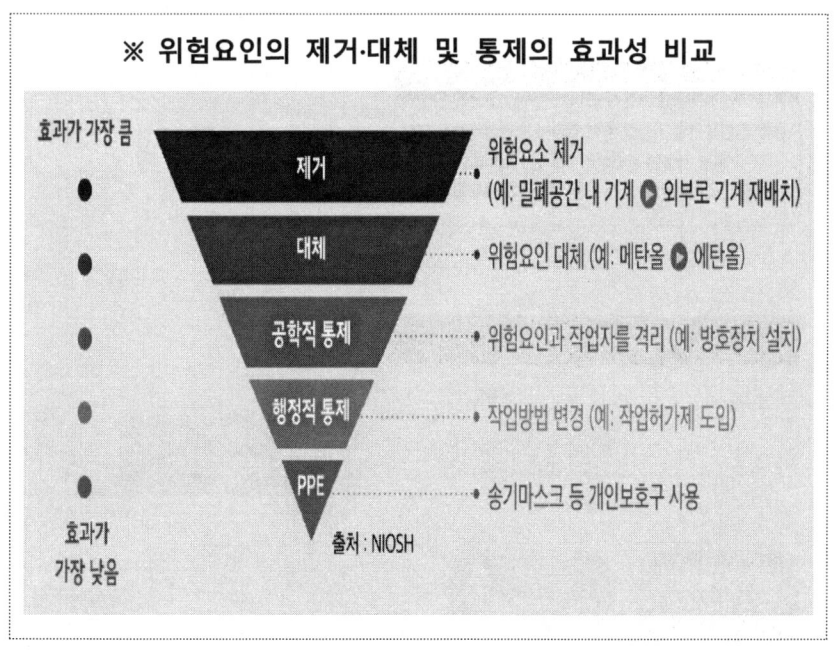

※ 위험성평가 실시 흐름도

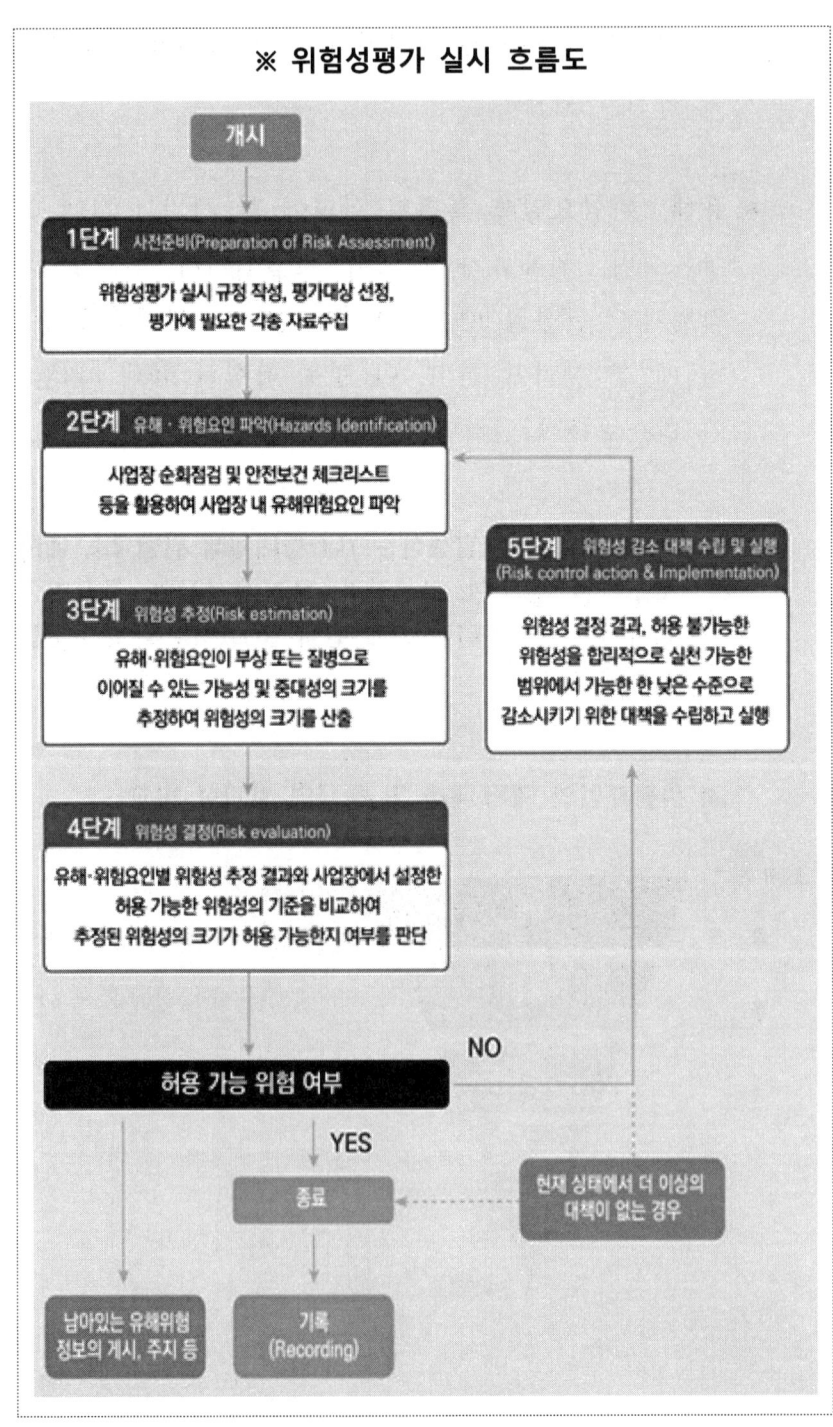

2) 자율 체크리스트

점검내용	점검결과
• 사업장 내 위험한 장소와 기계·기구 및 유해인자에 대한 대책을 마련하였다.	적정/부적정
• 사업장 내 모든 종사자로부터 유해·위험 요인을 발굴하여 신고하도록 하는 절차를 마련하였고, 개선 여부를 확인하고 있다.	적정/부적정
• 유해·위험요인을 개선하는 과정 중에는 관련 작업을 반드시 중지하며 개선이 완료된 이후에 작업이 진행되도록 절차를 마련하였다.	적정/부적정
• 「산업안전보건법」 제36조에 따라서 위험성평가를 실시하고 있다.	적정/부적정

3) 사업주 또는 경영책임자 조치할 사항
- 건설업 등
    - 사업 또는 사업장의 특성에 따른 유해·위험요인을 확인·개선하는 업무절차 마련
    - 유해·위험요인이 확인·개선되고 있는지를 반기 1회 이상 점검 및 필요한 조치
    - 유해·위험요인에 대한 대책 마련
    - 위험성평가 실시

- 중앙행정기관 등
    - 본부에는 사업장 특성에 따른 유해·위험요인을 확인 개선하는 업무 절차 마련
    - 소속기관은 이에 따라 유해·위험요인 확인·개선 활동 실시
    - 본부의 전담조직이 위험성평가 절차를 마련하고 소속기관은 이에 따라 위험성평가를 실시하는 방법으로 운영
    - 소속기관에서 보유하고 있는 유해·위험요인은 적절한 개선활동을 통해 관리되어야 하며, 현재의 안전·보건조치에도 불구하고 위험성이 높은 경우 추가적인 안전·보건조치 등 감소대책 수립하여 개선
    - 대책의 적절성, 개선 진행상황 및 개선 완료 여부는 경영책임자(본부 전담부서)에 의해 주기적으로 검토

▶ 현업종사자들의 의견을 들어 업무절차도, 절차별 안전수칙 및 준비사항이 포함된 업무매뉴얼 제작, 작업장 내 부착, 안전·보건 관계 법령상의 교육 이수 점검 및 조치

4) 작성 예시
■ 위험 기계·기구·설비 목록 작성 서식 예시

순번	기계·기구·설비명 (관리번호)	용량	단위작업장소	수량	검사대상	방호장치	점검주기	발생가능 재해형태
1	프레스(P-1~5)	10ton	1공장	5	산안법 안전검사	광전자식	3개월	끼임
2	프레스(P-5~8)	30ton	2공장	5	산안법 안전검사	광전자식	3개월	끼임
3	지게차(A-1, 2)	5ton	외부	2	건설기계관리법검사	법정방호장치	1개월	부딪힘, 넘어짐
4	크레인(C-1,2,3)	20ton	1공장	3	산안법 안전검사	과부하방지, 훅해지장치, 권고방지장치	3개월	부딪힘, 끼임
5	크레인(C-4,5,6)	10ton	2공장	3	산안법 안전검사	과부하방지, 훅해지장치, 권고방지장치	3개월	부딪힘, 끼임

■ 유해·위험물질 목록 작성 서식 예시

화학물질	CAS No	분자식	폭발한계 (%) 하한	폭발한계 (%) 상한	노출기준	독성치	인화점 (℃)	발화점 (℃)	증기압 (20℃, mmHg)	부식성 유무	이상반응유무	일일사용량	저장량	비고
메틸알코올	67-56-1	CH3OH	5.5	44	200ppm	LD50 6200mg/kg Rat, LD50 15800mg/kg Rabbit, LC 50 64000ppm /4hr Rat	9.7	464	127	X	고인화성, 자극성·부식성·독성가스	0.2㎥	1㎥	

■ 작업별 위험관리 대장 활용 서식 예시

단위작업장소	작업내용	위험코드	관련 기계·기구·설비 (관리번호)	화학물질명 (CAS No)	발생 가능 재해형태	관련협력업체	위험성	비고
P1 구역	지게차 이용 운반작업	H-P1-01	지게차 (00000)	-	부딪힘	無	고	작업지휘자 배치
	하부피트				질식			
Q2 구역	화학물질 보충작업		○○탱크 (00000)	톨루엔 ( )	화재·폭발, 급성중독	有	고	작업허가서 발급 대상
세척실	부품 세척작업		세척조 (00000)	트리클로로메탄 ( )	급성중독	有	고	* 국소배기장치 성능평가 대상 * 방독마스크 밀착도 검사

■ KRAS 시스템 위험성평가표 작성 예시
(http://kras.kosha.or.kr)

담당	부장	대표

작업공정명 :			위 험 성 평 가							평가일시 : '22-03-10		
세부 작업 내용	유해·위험요인 파악		관련근거 (법적기준)	현재의 안전보건 조치	위험성			위험성 감소대책	개선 후 위험성	개선 예정일	완료일	담당자
	위험 분류	위험발생 상황 및 결과			가능성 (빈도)	중대성 (강도)	위험성 (빈도x강도)					
원료 입고	기계적 요인	무자격자가 지게차를 임의 운전하여 근로자와 부딪힐 위험	안전보건규칙 제99조 [운전위치 이탈시의 조치]	유자격자 운전 시동키 분리보관	1	2	2 (낮음)	-	-	-	-	-
원료 입고	전기적 요인	인화성액체 (유기용제) 주입 중 정전기에 의한 화재폭발 위험	안전보건규칙 제325조 [정전기로 인한 화재 폭발 등 방지]	-	3	2	6 (높음)	정전기의 발생 억제 또는 제거 조치 (배관Bonding /Grounding)	2 (낮음)	'22-05 -30		홍 길 동
원료 입고	화학적 (물질) 요인	외부에서 탱크로 불씨가 유입 시 화재폭발 위험	안전보건규칙 제269호 [화염 방지기의 설치 등]	-	2	3	6 (높음)	1. 안전 작업허가 절차 준수 2. 화염 방지기 설치	3 (보통)	'22-03 -30	'22-03 -25	서 비 스
원료 입고	화학적 (물질) 요인	인화성 액체의 증기가 점화되어 화재폭발 위험	안전보건규칙 제230조 [폭발의 위험이 있는 장소의 설정 및 관리]	작업자 교육	2	3	6 (높음)	폭발위험 장소 설정 /관리 (폭발위험 장소 구분도 작성)	3 (보통)	'22-04 -30		황 건 설
원료 입고	화학적 (물질) 요인	주입구 주변 유증기 흡입으로 인한 건강 장해 발생 우려	안전보건규칙 제450조 [호흡용 보호구의 지급 등]	보호구 미착용	2	2	4 (보통)	개인보호구 사용 (방독마스크)	2 (낮음)	'22-03 -31	'22-03 -15	이 보 건

5) 작성 사례

(1) A회사

위험성평가표

■ 위험성수준 = 빈도 x 강도 , 가능성(빈도) : 1 (낮음), 2 (보통), 3 (높음)
중대성(강도) : 1 (4일미만 요양), 2 (4일 이상 ~ 3개월 미만 요양), 3 (3개월 이상 요양)
■ 위험성 수준 · 경미(D):1-2, 허용가능(C):3-4, 중대(B):5-6, 허용불가(A):9 , ※ 위험성수준 "9" 이상 집중관리

작성	검토/승인		등록
협력사소장	공사책임자	현장소장	안전관리자

현장명		작업기간	2022.02.16 ~ 2022.02.28			
협력사명		공종명	기계설비공사(배관)	평가일시	22.02.16	

NO	작업순서	위험요인	위험성 빈도	강도	위험성	안전대책	확인자	비고
1	자재반입	지게차 사용 자재 하역 작업중 충돌 및 협착 위험	2	3	6	지게차 사용시 전담신호수 배치, 작업반경내 출입통제, 지게차 후방카메라 작동 확인		
		자재 적재장소 확보 미흡에 따른 자재 전도 및 구름현상 발생	3	2	6	자재 적재장소 지반의 평판지반 확보, 받침대 또는 쐐기목 설치 구름방지 철저		
		지게차 과적으로 인한 낙하,충돌 위험	2	2	4	안전작업계획 수립하여 작업 철저		
2	가대 제작 작업	고속절단기로 앵글 절단작업중 자재 비산에 의한 사고	3	2	6	자재 형상에 따른 고정방법 준수하여 고속절단기 바이스로 자재 고정한 후 절단 작업 실시		
		고속절단기로 작업중 비산되는 날에 맞음	2	2	4	고속절단기 알 커버, 측면 커버 부착상태 확인 후 작업 커버 미부착 고속절단기 사용 중지		
		절단 가공 등 작업시 화재 위험	2	3	6	절단 작업장은 인화성 물질이 없는 장소에서 불티비산 방지포, 소화기 비치후 작업		
		용접작업시 안구 및 호흡기 사고	2	2	4	용접작업시 보안면 착용 및 방진마스크 착용		
3	가대 설치 작업	B/T비계 조립상태 불량으로 B/T비계 전도 위험 및 근로자 추락위험	2	3	6	B/T비계 전도방지대 설치, 가세 설치, 작업발판 500mm 2장 설치, 안전난간대 설치 철저		
		미 검정 전동공구 사용 중 감전	2	2	4	작업 전 전동공구 점검, 접지 및 누전차단기 사용		
		용접작업 등 화기사용으로 불꽃이 비산하여 화재 발생 위험	3	2	6	인화성 물질 제거 및 불티비산방지조치 및 소화기 비치, 화재감시자 배치 후 작업		
		가세 설치시 가대 돌출부분 근로자 협착위험	3	2	6	가대 돌출부분 보온재 이용 협착방지조치 철저		

(2) B회사

위험성평가표

현장명					최초 ☐ 정기 ☐ 수시 ■
업체명					협력업체 / 관리감독자 / 안전보건 / 현장소장
공종명	전기공사				
평가일	22.02.21				

세부작업 단위	위험요인	위험도추정		감소대책	검토의견	근로자 참석 확인서		
						NO	성명	서명
배관배입 작업	-작업장소 주변 정리정돈 전반주시 미흡으로 인해 출근에 머리리점넘어짐 위험	빈도	2	-작업이 완료 된 자재는 통행에 지장이 없는곳에 모아놓고, 전반주시 준수	슬라브 상부층 이동시 시야를 가릴 정도로 자재를 가지고 이동하지 말 것.	1		
		강도	2					
						2		
		등급	5	중점사항 - 전반주시 준수.				
배선작업	1. 고소작업대 이동시 바닥요철 미이고 인한 전도위험 2. 수평트레이행거 설치를 위해 고소 작업대 사용시 현장 방지봉을 임의로 제거또는 규정 높이 설치 하지 않이하고 작업중 협착 요인 발생	빈도	3	1. 작업시작전 이동경로 파악후 작업진행하여 이동시에 전도위 험 발지 2. 고소 작업대 사용시 협착 방 지봉을 임의로 제거하지 않고, 규정 높이에 맞쳐 사용 할것. 또 한 고소작업대 비상정지스위치, 비상하강레버 위치를 숙지하고 있을것	고소 작업대 사용방법에 대한 충분한 교육을 실시하고 사 전 이동동선 파악 철저히 할 것.	3		
		강도	3					
						4		
		등급	5	중점사항 - 분기 1회 이상 고소작업대 안전작업 교육 실시.				
케이블 풀링 작업	-고소 작업대 사용시 안전 발판 미 사용으로 추락 위험.	빈도	3	-작업발판 상부 작업시 안전고리 체결하여 추락위험 방지.	작업투입 전 안전용품 확인하여 안전고리 체결 할 수 있게 할 것.	5		
		강도	3					
						6		
		등급	4	중점사항 - 안전 발판도 주기적으로 점검 할 것.				

▶산업안전보건법 제26조(위험성평가 실시) - 업무로 인한 유형위험요인을 찾아내어 부상 및 질병으로 이어질 수 있는 위험성의 크기가 허용 가능한 범위인지를 평가하고 그 결과에 따라 이 법에 따른 명령에 조치를 취하여야 한다. ※사업주는 위험성 평가 시 해당 작업장의 근로자를 참여시켜야 한다.

■ 위험성 평가 등급 기준 : 빈도 + 강도 - 1

등급별 관리 기준	1	2	3	4	5	등급	1	2	3
	허용 불가 위험	큰 위험	온건한 위험	허용 가능 위험	작은 위험	빈도강도 산정기준	빈도	사고 연 10회 이상	사고 연 5회~10회	사고 연 5회 미만
	현상태 작업불가, 대책 이행후 작업	현재 위험이 없으면 작업을 계속하되, 위험감소활동 지속실시		현상태 작업 가능			강도	중대재해, 요양 90일 이상	요양 30일~90일	요양 30일 미만

제 1 장 안전·보건 확보의무

4. 재해예방에 필요한 안전·보건에 관한 **인력·시설·장비 구비**와 **유해·위험요인 개선**에 필요한 **예산편성 및 집행**

1) 주요내용

■ 근거 : 「중대재해처벌법」제4조 및 같은 법 시행령 제4조제4호에 따라 재해예방을 위해 필요한 안전·보건에 관한 인력, 시설 및 장비의 구비, 유해·위험요인의 개선, 그 밖에 안전보건체계 구축 등을 위해 필요한 예산을 편성하고 그 편성된 용도에 맞게 집행하여야 한다.

■ 의의 : 산업재해 예방을 위해서는 충분한 안전·보건에 관한 인력, 시설 및 장비의 마련과 유해·위험요인의 개선이 필수적이며, 이에 상응하는 예산을 마련하고, 그 용도에 맞게 집행되도록 하는 것이 개인사업주 및 경영책임자등의 의무이다.

사업주 및 경영책임자등이 안전·보건에 관한 예산이 편성되고 그 편성된 용도에 맞게 집행되고 있는지를 직접 챙기도록 하여 비용 절감 등을 이유로 안전·보건에 관한 사항이 사업경영에서 고려 사항 중 후순위로 되지 않도록 하여야 한다.

- **예산편성** : 예산의 편성 시에는 예산 규모보다도 유해·위험요인을 어떻게 분석하고 평가했는지 여부가 중요하며, 유해·위험요인 확인 절차 등에서 확인된 사항을 사업 또는 사업장의 재정 여건 등에 맞추어 제거·대체·통제 등 합리적으로 실행 가능한 수준만큼 개선하는데 필요한 예산을 편성하여야 한다.

"재해 예방을 위해 필요한 인력, 시설 및 장비"는 산업안전보건법 등 종사자의 재해 예방을 위한 안전·보건 관계법령 등에서 정한 인력, 시설, 장비를 말한다. 특히 재해 예방을 위해 필요한 인력이란 안전관리자, 보건관리자, 안전보건관리담당자, 산업보건의 등 전문 인력뿐만 아니라 안전·보건 관계 법령 등에 따른 필요인력을 말한다.

건설업의 경우 「산업안전보건법」 제72조에 따른 건설산업안전보건관리비 계상 및 사용기준에 따른 '산업안전보건관리비 상 기준'이 재해예방을 위해 필요한 인력, 시설 및 장비의 구입에 필요한 예산의 기준이 될 수 있다.

사업주 및 경영책임자등은 도급이나 용역 등을 매개로 하여 노무를 제공하는 종사자들에 대해서도 안전 및 보건 확보의 등을 이행하여야 한다. 인력, 시설 및 장비를 갖추기 위한 예산 편성에는 산업안전보건관리비에 국한해서는 안 되며, 이와는 별개로 중대재해처벌법에 따라 재해 예방을 위한 예산의 편성 및 집행을 하여야 한다.

유해·위험요인의 개선에 필요한 예산은 유해·위험요인의 개선을 위해 산업안전보건법 등에서 정한 인력, 시설, 장비를 구비하는데 필요한 예산뿐만 아니라 안전·보건 관계 법령에 따른 의무의 내용은 아니지만 사업 또는 사업장 특성에 따라 개선이 필요하다고 판단되면 그 유해·위험요인을 제거·대체·통제하는데 필요한 예산이 포함하여야 한다. 또한 종사자의 의견 청취에 따른 재해 예방을 위해 필요한 개선 방안을 마련하여 이행하는데 소요되는 예산을 포함하여야 한다.

- **용도에 맞게 집행** : 사업주 또는 경영책임자등이 재해 예방을 위하여 필요한 안전·보건에 관한 예산의 편성에 그치는 것이 아니라, 편성된 용도에 맞게 예산이 집행되도록 관리하여야 하며, 사업장에서 용도에 맞게 제대로 집행되지 않은 경우에는 의무를 이행한 것으로 볼 수 없다.

※ **예산 반영 시 충분히 반영되었는지 평가할 항목**
- 설비 및 시설물에 대한 안전점검비용
- 근로자 안전보건교육 훈련비용
- 안전관련 물품 및 보호구 등 구입비용
- 작업환경 측정 및 특수건강검진 비용
- 안전진단 및 컨설팅 비용
- 위험설비 자동화 등 안전시설 개선비용
- 작업환경 개선 및 근골격계질환 예방비용
- 안전보건 우수사례 포상 비용
- 안전보건지원을 촉진하기 위한 캠페인 비용

| 알쏭달쏭 Q/A | 1.5 | 건설공사에서 산업안전보건관리비에 따라 안전 및 보건에 관한 예산을 편성 및 집행을 하는 경우 중대재해처벌법상 재해 예방 등에 필요한 예산 편성 및 집행의무를 이행한 것으로 인정되나요? |

산업안전보건관리비를 편성하고 산업안전보건법령에 따른 목적에 맞게 집행하는 것은 중대재해처벌법상 재해 예방 등에 필요한 예산 편성 및 집행 의무 이행을 판단하는 기준의 하나가 될 수 있습니다.

다만, 건설 현장에 따라 편성된 산업안전보건관리비 이외에 재해 예방을 위한 추가적인 예산이 필요한 경우라면 이를 편성하고 집행해야 비로소 해당 의무를 모두 이행한 것이 됩니다.

2) 자율 체크리스트

점검내용	점검결과
• 안전·보건 관계 법령에 따른 의무 이행에 필요한 인력, 시설, 장비의 구비를 위해 예산을 편성하였다.	적정/부적정
• 유해·위험요인의 개선에 필요한 예산(종사자 의견 청취에 따른 재해 예방에 필요한 내역도 포함)을 편성하였다.	적정/부적정
• 편성된 예산을 용도에 맞게 집행하고 있다.	적정/부적정

3) 사업주 또는 경영책임자 조치할 사항
- 건설업 등
  ▸ 안전·보건에 관한 인력·시설·장비의 구비와 유해·위험요인의 개선 등에 필요한 예산 편성 및 그 편성된 용도에 맞게 집행

- 중앙행정기관 등
  ▸ 모든 부서에서는 다음 연도 예산 편성 시 안전장비·시설개선*, 유해·위험요인 등 개선에 필요한 예산 제출(행사 예산의 경우 안전 확보 관련 비용도 반영)

  > * 특히, 안전진단에서 교체 등급을 받거나 법정 내구연한이 경과한 시설·장비의 현황 파악 및 다음 연도 예산에 반영

4) 안전보건 예산 편성항목 예시

(단위: 백만원)

구 분		2021	2022
인력 및 시설분야	·위험시설 정비 및 개보수		
	·안전검사 실시		
	·안전시설 신규 설치 및 투자		
	·안전보건조직 노무관리		
안전분야	·안전인력 육성 및 교육		
	·안전보건 진단 및 컨설팅		
	·위험성평기 실시		
	·안전보호구 구입		
보건분야	·작업환경측정 실시		
	·특수건강검진 실시		
	·근골격계질환 예방		
	·휴게·위생시설 관리		
기타	·협력사 안전관리 역량 지원 　- 교육 지원 　- 시설 지원		
	·안전보건 캠페인 추진		
예비	·예비비		

5) 안전보건 예산 편성 사례

(1) A회사

산업안전보건관리비사용계획서

1. 일반사항

발 주 자			도급금액	148,694,875,426
공사종류 (해당란에v표)	[v]일반건설(갑) [ ]일반건설(을) [ ]중건설 [ ]철도 및 궤도신설 [ ]특수 및 기타	공사금액	① 재료비	68,560,172,845
			② 관급자재비	23,325,558,180
			③ 직접노무비	56,167,517,862
			④ 그 밖의 사항	23,967,184,719
법적 산업안전보건관리비 대상액 X 2.15%	3,183,144,851	산업안전보건관리비 계상 대상금액 [재료비 + 직접노무비 + 관급자재비]		148,053,248,887
도급산업안전관리비	3,183,144,851			
실행내역상 산업안전보건관리비	3,183,144,851			

2. 항목별 실행계획

항 목	금 액	비 율 (%)
안전보건관계자 인건비 및 각종업무수당 등	1,177,631,853	37.00%
안전시설비 등	1,537,950,617	48.32%
개인보호구 및 안전장구 구입비 등	243,148,900	7.64%
안전진단비 등	53,700,000	1.69%
안전보건교육비 및 행사비등	89,781,421	2.82%
근로자의 건강진단비등	80,932,260	2.54%
재해예방전문지도기관기술지도수수료	-	0.00%
본사사용비	-	0.00%
총 계	3,183,145,051	100.00%

3. 세부사용 계획

안전보건관계자 인건비 및 각종업무수당 등	가. 전담 안전·보건관리자의 인건비 및 업무수행 출장비						
	1) 전담 안전·보건관리자 인건비	월	29	6,200,000	29개월 x 6200000	179,800,000	20.04~22.08	안전관리자
	2) 전담 안전·보건관리자 인건비	월	26	5,550,000	26개월 x 5550000	144,300,000	20.06~22.05	안전관리자
	3) 전담 안전·보건관리자 인건비	월	21	3,500,000	21개월 x 3500000	73,500,000	21.01~22.08	안전관리자
	4) 전담 안전·보건관리자 인건비	월	28	3,300,000	28개월 x 3300000	92,400,000	20.05~22.08	보건관리자
	5) 전담 안전·보건관리자 인건비(퇴직충당금)	월	104			49,000,000	20.04~22.08	
	나. 유도 또는 신호자의 인건비							
	1) 항타기의 유도 또는 신호자(토목공사)	월	6	3,000,000	6개월 x 3000000 x 4인	36,000,000	20.05~20.10	협력사
	2) 양중기의 유도 또는 신호자(구조물공사-T/C)	월	15	3,000,000	12개월 x 3000000 x 2인	90,000,000	20.11~22.02	협력사
	3) 화재감시자(철골공사, 마감공사)	월	7	3,000,000	7개월 x 3000000 x 2인	42,000,000	21.11~22.08	협력사
	다. 안전·보건보조원의 인건비							
	1) 감시단	월	28	3,700,000	28개월 x 3700000	103,600,000	20.05~22.08	
	2) 감시단	월	27	3,700,000	27개월 x 3700000	99,900,000	20.06~22.08	
	3) 감시단	월	28	3,200,000	28개월 x 3200000	89,600,000	20.05~22.08	
	4) 감시단	월	26	2,000,000	26개월 x 2000000	52,000,000	20.07~22.08	
	5) 감시단	월	10	3,700,000	10개월 x 3700000	44,400,000	21.11~22.08	
	6) 감시단	월	10	3,700,000	10개월 x 3700000	44,400,000	21.11~22.08	
	5) 안전·보건보조원의 인건비(퇴직충당금)	월	129			36,731,853	20.05~22.08	
	소 계					1,177,631,853		

(2) B회사

(별지 제1호서식)

산업 안전 보건 관리비 계획서

수 급 인		공 사 명	
소 재 지		대 표 자	
공사금액	₩11,989,647,000	공사기간	2021.03.02 ~ 2022.08.23
발 주 자		누계공정율	0.00%
계 상 된 안전관리비	₩193,704,426	공사진척도에 따른 사용금액	₩ -

사 용 금 액

항 목	비율	금액
1. 안전관리자등 인건비 및 각종업무수당 등	51.1%	99,000,000
2. 안전시설비 등	24.0%	46,500,000
3. 개인보호구 및 안전장구 구입비 등	20.2%	39,100,000
4. 안전진단비 등	1.5%	3,000,000
5. 안전보건교육비 및 행사비 등	2.6%	5,000,000
6. 근로자 건강진단비 등	0.6%	1,120,000
계	100.0%	193,720,000

건설공사 표준안전관리비 계상 및 사용기준 제10조 제1항에 의거 위와 같이 사용 내역서를 작성하였습니다.

2021년 03월 02일

■ 항목별 사용계획 내역

사 용 항 목	사용일자	사용내역	수량	단가	금액
1. 안전관리자의 등의 인건비 및 각종 업무수당등	21.03.02~22.08.23	안전관리자 인건비	18	5,500,000	99,000,000
소 계					99,000,000
2. 안전시설비등	21.03.02~22.08.23	안전난간대 구입비	500	45,000	22,500,000
		안전망 1M,2M	50	120,000	6,000,000
		안전수칙표지판	30	250,000	7,500,000
		안전시설물설치 인건비	70	150,000	10,500,000
소 계					46,500,000
3. 개인보호구 및 안전장구 구입비등	21.03.02~22.08.23	안전모	500	5,000	2,500,000
		안전화	400	50,000	20,000,000
		안전각반	500	3,000	1,500,000
		안전장화	50	50,000	2,500,000
		안전벨트	400	28,000	11,200,000
		신호수조끼	50	20,000	1,000,000
		신호봉	20	20,000	400,000
소 계					39,100,000
4. 사업장의 안전진단비 등	21.03.02~22.08.23	작업환경측정비용	2	1,500,000	3,000,000
소 계					3,000,000
5. 안전보건교육비 및 행사비등	21.03.02~22.08.23	안전교육장 의자,테이블	1	5,000,000	5,000,000
소 계					5,000,000
6. 근로자의 건강관리비 등	21.03.02~22.08.23	체온계 및 현장 방역	1	1,000,000	1,000,000
		구급기재	4	30,000	120,000
소 계					1,120,000
합 계					193,720,000

5. 안전보건관리책임자 등의 충실한 업무수행 지원(권한과 예산부여, 평가기준 마련 및 평가·관리)

1) 주요내용

■ 근거 : 「중대재해처벌법」제4조 및 같은 법 시행령 제4조제5호에 따라 안전보건관리책임자등에게 해당 업무 수행에 필요한 권한과 예산을 주고, 해당 업무를 충실하게 수행하는지를 평가하는 기준을 마련하고 그 기준에 따라 반기 1회 이상 평가·관리하여야 한다.

■ 의의 : 사업주 또는 경영책임자등은 안전보건관리책임자등이 사업장의 안전·보건에 관한 제반 업무를 충실히 수행하도록 권한과 예산을 부여하고, 실제로 안전보건관리책임자등이 자신의 업무를 충실히 수행하였는지 여부에 대하여 평가 및 관리하도록 함으로써 사업장의 안전조치 및 보건조치의 실효성을 높이고자 하는 것이다.
　유해·위험요인을 적절하게 개선조치를 할 수 있는 인력과 조직, 예산을 확보할 수 있어야 하며, 편성된 예산을 적절하게 집행할 수 있는 권한을 부여하여야 한다.

- **안전보건관리책임자등** : 안전보건관리책임자, 관리감독자, 안전보건총괄책임자를 말한다. 작업장에서 안전과 보건에 관한 사항을 직접 지시하고 집행하므로 충분한 역량을 갖추는 것이 중요하다. 권한을 제한하거나 예산의 부족으로 권한을 행사하지 못한다면 법령을 위반한 것으로 볼 수 있다.

"**안전보건관리책임자**"는 사업장을 실질적으로 총괄하여 관리하는 사람으로 통상적으로 사업장의 현장소장, 공장장 등을 말한다. 사업주 또는 경영책임자등은 안전보건관리책임자가 사업장에서 업무를 수행하고 안전관리자와 보건관리자를 지휘·감독하는데 필요한 권한과 예산을 주어야 한다.

"**관리감독자**"는 사업장의 생산과 관련되는 업무와 그 소속 직원을 직접 지휘·감독하는 직위에 있는 사람을 의미한다. 사업주 또는 경영책임자등은 관리감독자로 하여금 안전·보건과 관련한 자신의 역할을 명확히 인식하도록 하여야 한다.

"**안전보건총괄책임자**"는 도급인의 사업장에서 관계수급인 근로자가 작업을 하는 경우에 도급인의 근로자와 관계수급인 근로자의 산업재해를 예방하기 위한 업무를 총괄하여 관리하도록 지정된 그 사업장의 안전보건관리책임자를 말한다. 사업주는 안전보건총괄책임자가 사업장에 산업재해 발생에 급박한 위험이 있다고 판단되어 중지시키려고 하는 경우 사업주는 안전보건총괄책임자의 판단을 존중하여야 한다.

※ 담당자 배치 기준

구 분	적용 사업장	선임대상/자격	주요 업무
안전보건 관리책임자 (15조)	20억원 이상 건설현장	실질적인 사업장 총괄관리자	• 산재예방계획 수립, 안전보건관리규정 작성·변경 • 안전보건교육, 근로자 건강관리 • 산재 원인조사 및 재발방지대책 수립 • 산재 통계 기록·유지, 위험성평가 실시 • 안전장치·보호구 적격품 여부 확인 • 근로자 위험, 건강장해 방지
관리 감독자 (16조)	모든 건설현장	실질적인 현장 업무 책임자 또는 지휘자	• 기계·기구 또는 설비 점검, 작업장 정리정돈 • 작업복·보호구·방호장치 점검, 교육·지도 • 산재 보고 및 응급조치 • 안전·보건관리자 업무에 대한 협조 • 위험성평가 관련, 위험요인 파악 및 개선
안전보건 총괄책임자 (62조)	20억원 이상 건설현장	실질적인 사업장 총괄관리자 ※ **안전보건관리책임자를 둔 경우 안전보건관리책임자로 지정**	• 위험성평가의 실시에 관한 사항 • 작업중지 • 도급 시 산업재해 예방조치 • 산업안전보건관리비의 관계수급인의 간의 사용에 관한 협의·조정 및 그 집행의 감독 • 안전인증대상기계 등과 자율안전확인대상기계 등의 사용여부 확인

- **평가기준 마련** : "안전보건책임자등이 해당 업무를 충실하게 수행하는지 평가하는 기준"은 안전보건관리책임자등이 해당 법령에 의해 정해진 의무를 제대로 수행하고 있는지에 대해 평가항목을 구성하는 것을 의미한다. 평가 기준은 가능한 한 구체적이고 세부적으로 마련함으로써 형식적인 평가가 아니라 실질적인 평가가 될 수 있다.

- **반기 1회 이상 평가·관리** : 안전보건관리책임자등의 업무 수행평가와 관리는 그 평가기준에 따라 반기 1회 이상 이루어져야 한다. 평가는 다른 업무 수행에 관한 평가 시에 병행하여 평가하여도 되며, 반드시 산업안전보건법에 따른 업무 수행과 관련한 평가만 별도로 하여야 하는 것은 아니다. 평가 결과가 현저히 낮은 경우에는 다른 업무 수행 능력이 뛰어난 경우라도 평가 결과에 따른 상응한 조치를 하여야 한다.

- **규정마련** : 안전보건관리규정 등 내부규정에 권한과 책임을 명확하게 규정한다.

| 알쏭달쏭 Q/A | 1.6 '22.1.27. 법 시행 후 중대재해처벌법 시행령 상반기 1회 점검의 최초 기한은 언제까지인가요? |

▶ 중대재해처벌법상 반기 1회 이상 점검은 상반기(1.1부터 6.30.까지)와 하반기(7.1부터 12.31.까지)를 최소한의 주기로 하여 각 1회 이상 실시해야 합니다. 따라서 법 시행일이 '22.1.27. 이지만 최초 반기인 '22.6.30.까지는 법령상 점검이 이루어져야 하며, 이 기간이 지나는 동안 한 번도 점검이 이루어지지 않았다면 반기 1회 이상 점검하지 않은 것으로 볼 수 있습니다.

※ 중앙행정기관 등 안전보건관리체계 예시

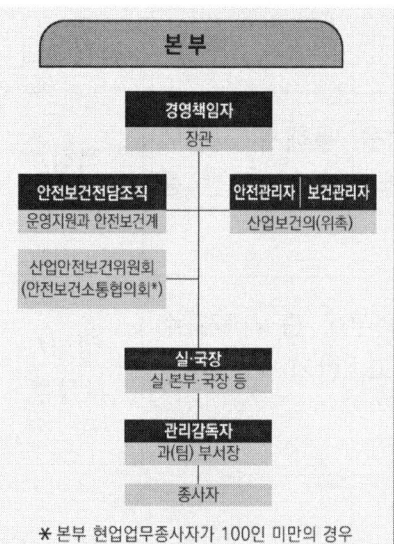

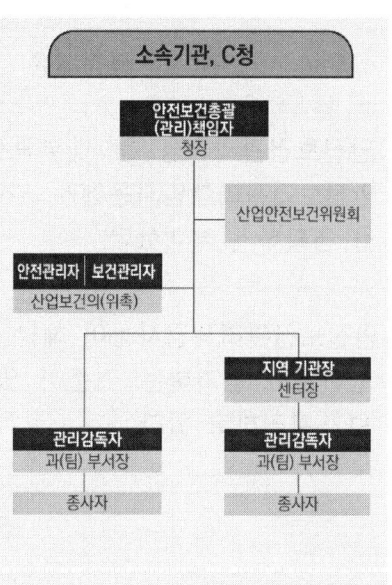

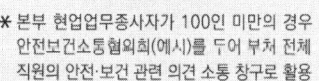

* 본부 현업업무종사자가 100인 미만의 경우 안전보건소통협의회(예시)를 두어 부처 전체 직원의 안전·보건 관련 의견 소통 창구로 활용

구 분	직책 등	주요 업무내용
경영책임자	장관	·부처 전체 안전보건관리 업무 총괄
안전보건총괄 (관리)책임자	본부: 장관 소속기관: 청장, 사업소장	·단위 사업장의 안전보건관리 업무 총괄 ·산업안전보건법 제15조 및 조62조에 관한 업무
지역 기관장	센터장	·소속기관의 안전보건관리 업무 총괄 ·안전보건관리(총괄)책임자가 부여한 안전보건에 관한 업무(예산 편성·집행 업무 포함)
관리감독자	현업종사자 직접 관리하는 과(팀)장 등 부서장	·부서 수행 업무 전반에 대한 안전보건관리 업무 ·산업안전보건법 제16조에 관한 업무 및 안전보건 관리체제 관련 업무(예산 집행 업무, 위험성평가 실시에 관한 업무 포함)
안전보건 전담조직	본부 안전보건 전담조직	·부처 전체(본부 및 소속기관) 안전보건 업무 총괄 관리 ·안전보건 활동 매뉴얼, 가이드, 기술지침 등 운영 규정 제·개정 ·소속기관의 안전보건 법령 준수 및 안전보건관리 체계 이행 등 실태 점검 및 평가 등
안전·보건관리자	본부: 안전·보건관리자 소속기관: 안전·보건관리자, 위탁	·사업장별 안전보건 업무 관리
산업보건의	위촉	·근로자 건강관리, 보건관리자 업무 지도
안전보건 업무 담당자	안전·보건관리자 선임 비대상 기관	·안전보건관리자 선임 비대상 기관의 안전보건 업무 관리

2) 자율 체크리스트

점검내용	점검결과
• 안전보건관리규정 등 내부규정을 통해서 사전에 안전보건관리책임자등에게 권한과 책임, 예산 등을 명확하게 부여했다.	적정/ 부적정
• 안전보건관리책임자등이 해당 업무를 충실하게 수행하는지 평가하는 기준이 있고, 반기 1회 이상 평가·관리하고 있다.	적정/ 부적정

3) 사업주 또는 경영책임자 조치할 사항

■ 건설업 등

▸ 안전보건관리책임자등의 업무 수행에 필요한 권한과 예산 부여

▸ 해당 업무를 충실하게 수행하는지를 평가하는 기준 마련 및 반기 1회 이상 평가·관리

■ 중앙행정기관 등

▸ 실국장 등은 중대재해처벌법 대응 관련의 경우 예산·인력 등 우선 고려

4) 안전보건 전문인력 평가 기준 및 평가표 예시

■ 평가기준

양호	법령에 따른 업무수행으로 수립된 안전보건목표를 달성하고 재해예방에 기여함
보통	법령에 따른 업무를 적정하게 수행함
미흡	법령에 따른 업무를 일부 수행하지 않음

■ 평가표(안)

직책	성명	담당업무	평가		
			미흡	보통	양호
안전보건관리책임자		1. 사업장의 산재예방계획 수립에 관한 사항			
		2. 안전보건관리규정(산안법 제25조, 제26조)의 작성 및 변경에 관한 사항			
		3. 근로자에 대한 안전보건교육(산안법 제29조)에 관한 사항			
		4. 작업환경의 점검 및 개선에 관한 사항			
		5. 근로자의 건강진단 등 건강관리에 관한 사항			
		6. 산업재해의 원인 조사 및 재발 방지대책 수립에 관한 사항			
		7. 산업재해에 관한 통계의 기록 및 유지관리에 관한 사항			
		8. 안전장치 및 보호구 구입 시 적격품 여부 확인에 관한 사항			

		9. 위험성평가의 실시에 관한 사항			
		10. 안전보건규칙에서 정하는 근로자의 위험 또는 건강장해의 방지에 관한 사항			
관리 감독자		1. 사업장 내 관리감독자가 지휘·감독하는 작업과 관련된 기계·기구 또는 설비의 안전·보건 점검 및 이상 유무의 확인			
		2. 관리감독자에게 소속된 근로자의 작업복·보호구 및 방호장치의 점검과 그 착용·사용에 관한 교육·지도			
		3. 해당 작업에서 발생한 산업재해에 관한 보고 및 이에 대한 응급조치			
		4. 해당 작업의 작업장 정리·정돈 및 통로 확보에 대한 확인·감독			
		5. 안전관리자, 보건관리자, 안전보건관리담당자, 산업보건의의 지도·조언에 대한 협조			
		6. 위험성평가를 위한 유해·위험요인의 파악 및 개선조치 시행에 참여			
안전 보건총괄 책임자		1. 위험성평가의 실시에 관한 사항			
		2. 산업재해가 발생할 급박한 위험이 있는 경우 및 중대재해 발생 시 작업의 중지			
		3. 도급 시 산업재해 예방조치			
		4. 산업안전보건관리비의 관계수급인 간의 사용에 관한 협의·조정 및 그 집행의 감독			
		5. 안전인증대상기계 등과 자율안전확인대상기계 등의 사용 여부 확인			

5) 안전보건책임자 등 신고 서식

안전보건총괄책임자 선임서

본사	① 사 업 장 명		② 사업주 또는 대 표 자	
	③ 소 재 지	(전화 :)		
현장개요	④ 현 장 명		⑤ 발주자 또는 도급인	
	⑥ 소 재 지	(전화 :)		
	⑦ 공 사 기 간		⑧ 공 사 금 액	
	⑨ 상시근로자수		⑩ 굴착깊이(M)	
	⑪ 건축물.공작물의 최대높이(M)		⑫ 교량의 최대 지간거리(M)	
	⑬ 터널길이(M)		⑭ 제방높이(M)	

구 분	내 역	성명	자격	선임 년.월.일	직위 및 직책	전담.겸임 구분
안전보건관리책임자						

「산업안전보건법 시행규칙」 제18조, 동법시행령 제23조의 규정에 의하여 위와 같이 선임합니다.

20   년   월   일

선임인(사업주 또는 대표자)   (서명 또는 인)

안전보건관리책임자 선임서

<table>
<tr><td rowspan="2">본사</td><td>① 사 업 장 명</td><td></td><td>② 사업주 또는 대 표 자</td><td></td></tr>
<tr><td>③ 소 재 지</td><td colspan="3">(전화 :   )</td></tr>
<tr><td rowspan="7">현장개요</td><td>④ 현 장 명</td><td></td><td>⑤ 발주자 또는 도급인</td><td></td></tr>
<tr><td>⑥ 소 재 지</td><td colspan="3">(전화 :   )</td></tr>
<tr><td>⑦ 공 사 기 간</td><td>~</td><td>⑧ 공 사 금 액</td><td></td></tr>
<tr><td>⑨ 상시근로자수</td><td></td><td>⑩ 굴착깊이(M)</td><td></td></tr>
<tr><td>⑪ 건축물.공작물의 최대높이(M)</td><td></td><td>⑫ 교량의 최대 지간거리(M)</td><td></td></tr>
<tr><td>⑬ 터널길이(M)</td><td></td><td>⑭ 제방높이(M)</td><td></td></tr>
</table>

구분 \ 내역	성명	자격	선임 년.월.일	직위 및 직책	전담.겸임 구분
안전보건관리책임자					

「산업안전보건법 시행규칙」 제9조, 동법 시행령 제11조의 규정에 의하여 위와 같이 선임합니다.

20   년   월   일

선임인(사업주 또는 대표자)   (서명 또는 인)

■ 산업안전보건법 시행규칙 [별지 제1호의2(2)서식] <개정 2011.3.3>

안전관리자·보건관리자·산업보건의 선임 등 보고서(건설업)

본사	사업장명		
	사업주 또는 대표자		전화번호
	소재지		

※ * 란은 원수급인인 경우에만 해당합니다.

현장개요	현장명	발주자 또는 도급인	
	전화번호	휴대전화	
	소재지		
	공사기간	공사금액 (상시근로자 수)	(명)
	굴착깊이(M)*	건축물·공작물의 최대높이(M)*	
	건축물의 연면적(m²)*	건축물의 최대층고(M)*	
	PC조립작업 유무*	교량의 최대 지간 길이(M)*	
	터널길이(M)*	댐의 용도 및 저수용량(TON)*	

안전관리자	성명		기관명	
	자격/면허번호			
	경력	기관명		기간
	학력	학교		학과
	선임 등 연·월·일			
	전담·겸임구분			

「산업안전보건법 시행규칙」 제32조 제3항 제4호에 따라 위와 같이 제출합니다.

년   월   일

보고인(사업주 또는 대표자)   (서명 또는 인)

지방고용노동청(지청)장 귀하

공지사항

본 민원의 처리결과에 대한 만족도 조사 및 관련 제도 개선에 필요한 의견조사를 위해 귀하의 전화번호(휴대전화)로 전화조사를 실시할 수 있습니다.

210mm×297mm(일반용지 60g/m²(재활용품))

6) 안전보건책임자 권한 및 배치 사례

(1) A회사

* 제목 : 전 직원 안전보건 실천사항 이행의 건

1. 전 현장의 무재해를 기원합니다.

2. 2022년 1월 27일부터 시행되는 중대재해처벌법은 안전보건관리 시스템의 미비로 인해 일어날 수 있는 중대재해 예방 목적으로 제정되었습니다. 안전보건관리 시스템은 모든 구성원이 안전보건 방침과 목표를 이해하고, 다 같이 이행하는 것을 의미하기에 모두가 실천하지 않으면 사고는 예방할 수 없습니다.

3. <u>안전을 최우선으로 실천</u>하는 기업의 안전문화가 정착될 수 있도록 모두의 노력이 필요한 시점에 현장소장 및 전 직원 실천 사항을 전달하니 다같이 합심하여 무재해를 달성할 수 있도록 적극 이행하기 바랍니다.

<현장소장 실천 사항>

1. 현장의 안전보건을 총괄하는 책임자임을 다시 한 번 명확히 인지하고 안전·보건관리자의 조언을 적극 수용할 것
2. 현장소장의 안전보건방침 및 목표, 달성 계획을 수립하고 주기적으로 성과 측정할 것
3. 일 1회 이상 현장 전 구간 산업재해 예방조치 이행 여부를 점검하고 기록 관리할 것
4. 내실있는 위험성 평가가 될 수 있도록 적극 참여하고 확인할 것
5. 안전·보건관리자, 관리감독자, 근로자의 의사소통 시스템을 만들어 운영할 것
6. 안전보건조치에 필요한 비용을 원가로 생각하지 않고 적극적으로 사용할 것
7. 스마트 안전보건시스템을 적극 도입하여 활용할 것
8. 비상사태 대응 계획을 수립하고 반기 1회 이상 모의훈련을 시행할 것
9. 협력업체 현장설명회에 안전·보건관리자가 참석하도록 하여 현장 여건을 반영한 위험관리 사항을 검토하도록 할 것
10. 안전보건활동이 모두가 함께해야 하는 것임을 모든 구성원에게 상시 인지시킬 것

<전 직원 실천 사항>

1. 안전보건활동의 통찰이 새로운 업무가 아닌, 관심과 소통에서 시작함을 인지하여 신규공종 및 근로자 투입 전 안전보건팀과 충분히 협의할 것
2. 현장의 위험요소 발견 즉시 안전보건팀 및 협력업체와 공유하고 조치할 것
3. 위험성 평가시 실질적인 위험요인 도출 및 작업계획이 수립되도록 적극 협조할 것
4. 스마트 안전보건시스템 도입시 적극 활용하고, 협력업체에 독려할 것

2. 안전·보건관리조직 업무분장표

성 명	직 책	업 무 사 항	비 고
	안전보건총괄책임자	1) 중대재해 발생 또는 재해발생의 급박한 위험이 있을 때 작업중지 및 대피, 안전조치 후 작업재개 2) 안전보건에 관한 원·하도급 협의체 구성 및 운영 3) 월에 1회 이상 작업장의 순회점검 등 안전보건관리 4) 수급인이 행하는 근로자의 안전보건교육에 관한 지도와 지원 5) 하도급업체의 산업안전보건관리비 집행감독 및 이의 사용에 관한 수급업체의 협의조정 6) 방호조치 및 성능검사의 규정에 적합한 유해 또는 위험한 기계·기구 및 설비의 사용여부 확인 7) 기타 현장 안전보건업무에 필요한 사항	
	안전보건관리책임자	1) 산업재해예방계획의 수립에 관한 사항 2) 현장 안전보건관리규정의 작성에 관한 사항 3) 근로자의 안전보건교육에 관한 사항 4) 작업환경의 측정 등 작업환경의 개선에 관한 사항 5) 근로자의 건강진단 등 건강관리에 관한 사항 6) 산업재해의 원인조사 및 재발방지 대책의 수립에 관한 사항 7) 산업재해에 관한 통계의 기록, 유지에 관한 사항 8) 안전장치 및 보호구 구입 시 적격품 여부 확인에 관한 사항 9) 산업안전보건 추진에 관한 사항 10) 무재해운동 추진에 관한 사항 11) 안전관리비사용에 관한 사항	
	안전관리자	1) 안전보건관리규정 및 취업규칙에서 정한 직무 2) 방호장치, 기계기구, 설비, 보호구중 안전에 관련되는 보호구 구입시 적격품 선정 3) 안전교육계획의 수립 및 실시 4) 사업장 순회점검·지도 및 조치의 건의 5) 산업재해발생의 원인조사 및 재발방지를 위한 기술적 지도, 조언 6) 법 또는 법에 의한 명령이나 안전보건관리규정 및 취업규칙 중 안전에 관한 사항을 위반한 근로자에 대한 조치의 건의 7) 기타 안전에 관한 사항으로서 노동부장관이 정하는 사항	
	보건관리자	1) 산업안전보건위원회에서 심의·의결한 업무와 안전보건관리규정 및 취업규칙 에서 정한 업무 2) 안전인증대상 기계·기구등과 자율안전확인대상 기계·기구등 중 보건과 관련된 보호구(保護具) 구입시 적격품 선정에 관한 보좌 및 조언·지도 3) 물질안전보건자료의 게시 또는 비치에 관한 보좌 및 조언·지도 4) 위험성평가에 관한 보좌 및 조언·지도 5) 사업장 순회점검·지도 및 조치의 건의 6) 업무수행 내용의 기록·유지 7) 그 밖에 작업관리 및 작업환경관리에 관한 사항	
	관리감독자	1) 담배작업과 관련되는 유해·위험기구, 설비의 안전보건, 이상유무 확인 및 조치 2) 투입근로자의 작업복, 보호구, 방호장치의 점검과 착용, 사용에 관한 교육 및 조치 3) 작업장에 발생한 산업재해에 관한 보고 및 이에 대한 응급조치 4) 안전관리자의 지도, 조언에 대한 실시 5) 유해, 위험 작업내용 변경시 근로자에 대한 안전교육 실시 6) 상기 사항의 실시에 대하여 각 부문에 관리감독자의 지휘 7) 해당 부분 하도업체의 안전 제반사항 이행을 지도, 점검 8) 하도업체 근로자의 자체 안전교육을 담당하며, 안전조치사항 감독	

제 1 장 안전·보건 확보의무

(2) B회사

안전보건총괄책임자 지정서

현 장 명 :

직 책 : 현장 대리인

성 명 :

안전보건총괄책임자의 직무 등] - 산안법 시행령 제53조
1. 법 제36조에 따른 위험성평가의 실시에 관한 사항
2. 법 제51조 및 54조에 따른 작업의 중지
3. 법 제64조에 따른 도급 시 산업재해 예방조치
4. 법 제72조 제1항에 따른 산업안전보건관리비의 관계수급인 간의 사용에
    관한 협의·조정 및 그 집행의 감독
5. 안전인증대상기계등과 자율안전확인대상기계등의 사용 여부 확인

위 사람을 산업안전보건법 제18조에 의거하여 산업재해를 예방하기 위해 당해 사업장의 안전보건총괄책임자로 지정합니다.

2021 년 02 월 25 일

○○○○대표이사 ○○○○(서명)

(3) C회사

* 제목 : 2021년 하반기 협력회사 안전평가 실시

안전보건관리규정 「11. 상벌」에 의거 2021년 하반기 협력회사 안전평가를 아래와 같이 실시하고자 하오니, 평가기간을 준수하시어 공정하고 객관적인 평가를 실시하여 주시기 바랍니다.

- 아 래 -

1. 관련근거 : 안전보건관리규정 「11. 상벌」

2. 평가대상기간 : 2021. 05. 01 ~ 2021. 10. 31

3. 평가대상 협력회사
   가. 평가대상기간 기준 2개월 이상 시공 실적이 있는 협력회사
   나. 당사에 등록된 협력회사가 아닌 경우는 평가대상에서 제외

4. 평가방법
   가. 평 가 자 : 안전관리자 (미선임 현장은 현장소장)
   나. 평가기간 : 2021. 11. 04(목) ~ 11. 11 (목) 限
   다. 평가자는 개별적으로 ○○○○ 시스템(○○경영)에서 평가 실시(첨부 참조)

5. 특기사항
   가. 평가대상 협력회사가 동일 현장에 2개 이상 공종으로 구분되어 하도급계약이 체결된 경우
       공사금액이 큰 1개 공종만 선택하여 평가 실시
   다. 평가기한을 반드시 엄수하여 주시길 바라며, 문의사항은 ○○○ 프로(# ○○○)에게 연락바랍니다.

(4) D회사

[산안법 별지 제1호의2(2)서식]

안전보건관리책임자 선임계(건설업)

<table>
<tr><td rowspan="2">본사</td><td>① 사업장명</td><td></td><td>② 대표자</td><td></td></tr>
<tr><td>③ 소재지</td><td colspan="3"></td></tr>
<tr><td rowspan="7">현장개요</td><td>④ 현장명</td><td></td><td>⑤ 발주자 또는 도급인</td><td></td></tr>
<tr><td>⑥ 소재지</td><td colspan="3"></td></tr>
<tr><td>⑦ 공사기간</td><td>2020.05.18.~2022.10.14</td><td>⑧ 공사금액</td><td>9,001,413,050원</td></tr>
<tr><td>⑨ 상시근로자수</td><td>15명</td><td>⑩ 굴착깊이(M)</td><td>없음</td></tr>
<tr><td>⑪ 건축물·공작물의 최대높이(M)</td><td>80.5m(지하3층, 지상15층)</td><td>⑫ 교량의 최대지간 길이(M)</td><td>없음</td></tr>
<tr><td>⑬ 잠함공사의 게이지 압력(kg/cm²)</td><td>없음</td><td>⑭ 터널길이(M)</td><td>없음</td></tr>
<tr><td>⑮ 제방높이(M)</td><td>없음</td><td>⑯ 크레인 최대인양하중(T)</td><td>없음</td></tr>
<tr><td colspan="2">구분 \ 내역</td><td>⑰ 성명</td><td>⑱ 자격</td><td>⑲ 선임 년월일</td><td>⑳ 직위 및 직책</td><td>㉑ 전담·겸임 구분</td></tr>
<tr><td colspan="2">㉒ 안전보건관리책임자</td><td></td><td></td><td>2021.03.31</td><td>부장</td><td></td></tr>
<tr><td colspan="2">㉓ 안전보건총괄책임자</td><td></td><td></td><td>2021.03.31</td><td>부장</td><td>관리책임자 겸임</td></tr>
<tr><td colspan="2">㉔ 안전관리자</td><td></td><td></td><td></td><td></td><td></td></tr>
</table>

산업안전보건법 시행규칙 제14조의 규정에 의하여 위와 같이 선임합니다.

2021년 03월 31일

○○○대표이사 ○○○(서명)

첨부서류 1. 자격·학력 또는 경력 등을 증명할 수 있는 서류(안전관리자의 경우에 한합니다.)
2. 재직증명서
※ ⑩ ~ ⑯항은 원수급인인 경우에 한합니다.

안전보건관리책임자 업무수행 평가 기준

* 업무수행 평가 기준은 현재 의견수렴 단계로 실행예정임

1. 법적 관리 의무 수준 평가

no	구 분	평 가 항 목	배점	판정
1	안전보건관리책임자 (산안법 제15조)	사업장의 산재예방계획 수립 여부	5	
2		안전보건관리규정(산안법 제25조, 제26조)의 작성 및 변경 여부	5	
3		근로자에 대한 안전보건교육(산안법 제29조) 여부	5	
4		작업환경의 점검 및 개선 여부	5	
5		근로자의 건강진단 등 건강관리 여부	5	
6		산업재해의 원인 조사 및 재발 방지대책 수립 여부	5	
7		산업재해에 관한 통계의 기록 및 유지관리 여부	5	
8		안전장치 및 보호구 구입시 적격품 여부 확인	5	
9		위험성평가 실시 여부	5	
10		안전보건규칙에서 정하는 근로자의 위험 또는 건강장해 방지 여부	5	

2. 상시적 안전보건관리 수준 평가

no	구 분	평 가 항 목	배점	판정
1	작업 안정성평가	TBM 시행 여부-일일안전활동 참여	5	
2		협력업체 개선 조치 활동	5	
3		관리담당자 지정/이행 여부	5	
4		작업환경의 점검 및 개선 여부	5	
5		위험성 평가 접수 반영 여부	5	
6		안전관리비 목적 외 사용 여부	5	
7		작업환경측정 실시 여부	5	
8	서류평가	현장 순회일지 작성 여부	5	
9		직무교육 실시 여부	5	
10		산재사고 보고 여부	5	

3. 가점여부

no	구 분	평 가 항 목	배점	판정
1	가점	대외기관 포상-개인/조직	+3	
2		위험공종 안전관리 지침 위반으로 인한 작업중지	-5	
3		아차사고 요인 발굴 1건당	+1	

▶ 평가 : 60점 이하 인사 고가 반영 예정

(5) E회사

안전보건관리책임자 선임계

회 사 명 :

직책(소속) :

성   명 :

위 사람을 산업안전보건법 제15조에 의거 안전·보건 업무를 총괄 관리할 안전보건관리책임자로 선임합니다. 아래의 업무를 충실히 수행하여 주시기 바랍니다.

※ 안전보건관리책임자의 업무내용
  1. 산업재해 예방계획의 수립에 관한 사항
  2. 안전보건관리규정의 작성 및 변경에 관한 사항
  3. 안전·보건교육에 관한 사항
  4. 작업환경측정 등 작업환경의 점검 및 개선에 관한 사항
  5. 근로자의 건강진단 등 건강관리에 관한 사항
  6. 산업재해의 원인 조사 및 재발 방지대책 수립에 관한 사항
  7. 산업재해에 관한 통계의 기록 및 유지에 관한 사항
  8. 안전장치 및 보호구 구입 시 적격품 여부 확인에 관한 사항
  9. 위험성평가의 실시에 관한 사항과 안전보건규칙에서 정하는 근로자의 위험 또는 건강장해의 방지에 관한 사항

2021 년 6 월 1 일

○○○○(주) 대표이사 ○○○(인)

6. 산업안전보건법에 따른 안전관리자, 보건관리자 등 전문인력 배치

1) 주요내용

■ 근거 : 「중대재해처벌법」 제4조 및 같은 법 시행령 제4조제6호에 따라 안전관리자, 보건관리자, 안전보건관리담당자 및 산업보건의를 배치하여야 하며, 업무를 겸직하는 경우에는 안전·보건에 관한 업무 수행시간을 보장해야 한다.

■ 의의 : 안전보건관리책임자는 해당 사업장의 사업을 총괄하여 관리하는 사람으로 안전 또는 보건에 관한 전문가는 아니므로, 산업재해 예방을 위해서는 안전 및 보건에 기술적인 사항에 관하여 안전보건관리책임자를 보좌하고, 관리감독자에게 지도·조언하도록 하는 전문인력을 배치하여야 한다.

　안전관리자 등의 배치가 중요한 것이 아니라 해당 전문인력이 안전 및 보건에 관한 업무를 수행할 수 있도록 충분한 시간을 보장해 주어야 한다.

■ 전문인력 배치

　"**안전관리자**"는 안전에 관한 기술적인 사항에 관하여 사업주 또는 안전보건관리책임자를 보좌하고 관리감독자에게 지도·조언하는 업무를 수행하는 사람이다.

"보건관리자"는 보건에 관한 기술적인 사항에 관하여 사업주 또는 안전보건관리책임자를 보좌하고 관리감독자에게 지도·조언하는 업무를 수행하는 사람이다.

안전관리자와 보건관리자의 업무는 건설업을 제외한 상시 근로자 수 300명 미만인 사업장의 경우 각각 안전관리전문기관 및 보건관리전문기관에 위탁이 가능하다.

사업주는 「산업안전보건법 시행령」 제22조제3항에 따라 안전관리자, 보건관리자에게 해당 업무의 수행에 필요한 권한을 부여하고, 시설·장비·예산 그 밖에 업무수행에 필요한 지원을 하여야 한다.

"안전보건관리담당자"는 안전 및 보건에 관하여 사업주를 보좌하고 관리감독자에게 지도·조언하는 업무를 수행하는 사람이다.

상시 근로자 수에 관계없이 안전관리전문기관 또는 보건관리전문기관에 업무를 위탁할 수 있다.

"산업보건의"는 근로자의 건강관리나 그 밖에 보건관리자의 업무를 지도하는 사람이다.

선임대상은 상시근로자 50명 이상으로 보건관리자를 두어야 하는 사업장이나, 제외대상은 의사를 보건관리자로 선임한 경우, 보건관리전문기관에 업무를 위탁한 경우이다.

※ 안전관리자, 보건관리자 등 전문인력 배치 기준

구 분	적용 사업장	선임대상/자격	주요 업무
안전 관리자 (17조)	80억원 이상 건설현장 * 단, 건설 120억원 이상 현장은 전담자 선임	관련 자격·학위 취득자 등	• 위험성평가, 위험기계·기구, 안전교육, 순회점검에 대한 지도·조언 및 보좌 • 산재 발생원인 조사·분석, 재발방지를 위한 기술, 산재 통계 유지·관리·분석 등에 대한 지도·조언 및 보좌
보건 관리자 (18조)	800억원 이상 건설현장 * 토목공사는 1,000억원↑	관련 자격·학위 취득자 등	• 위험성평가, 개인 보호구, 보건교육, 순회점검에 대한 지도·조언 및 보좌 • 산재 발생원인 조사·분석, 재발방지를 위한 기술, 산재 통계 유지·관리·분석 등에 대한 지도·조언 및 보좌 • 가벼운 부상에 대한 치료, 응급처치 등에 대한 의료행위(의사 또는 간호사에 한함) • MSDS 게시·비치, 지도·조언 및 보좌
안전보건 관리담당 자 (19조)	20~49인 사업장은 1명이상 선임 * 제조, 임업, 하수·폐수 및 분뇨처리 등 업종	안전·보건관리자 자격 또는 교육 이수 (겸직가능)	• 안전관리자 및 보건관리자의 역할 수행
산업보건 의 (22조)	보건관리자 선임 대상 사업장과 동일	작업환경 또는 예방의학 전문의	• 건강진단 결과 검토 및 근로자 건강보호 조치 • 건강장애 원이조사 및 재발방지 조치
안전보건 조정자 (68조)	분리 발주된 공사금액이 총 50억원 이상인 경우	관련 업무 경력 및 자격증 취득자 등	• 분리 발주한 공사의 혼재작업 유무, 혼재작업으로 인한 산재 발생 위험성 파악 • 분리 발주한 공사의 혼재작업으로 인한 산재 예방을 위한 작업의 시기·내용 및 안전보건 조치 등의 조정 • 각각의 공사 도급인의 안전보건관리책임자 간 작업 내용에 관한 정보 공유 여부의 확인

* 안전관리자는 2022.7.1부터 60억원 이상, 2023.7.1.부터 50억원 이상으로 확대

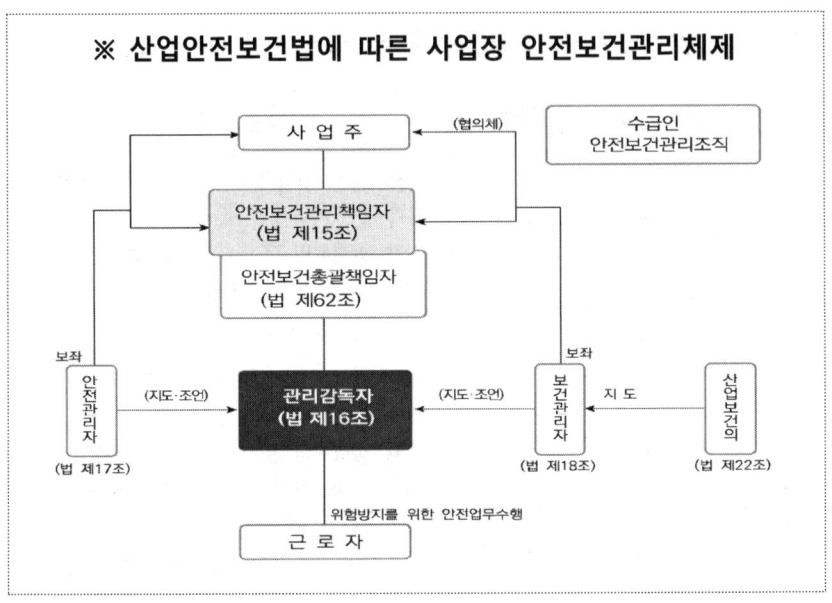

- **다른 법령에서 달리 정하고 있는 경우** : 기업규제완화법에서 안전관리자 또는 보건관리자의 배치 의무를 면제하거나 안전관리자 또는 보건관리자를 채용한 것으로 간주하는 요건을 충족한 경우에는 해당 전문인력을 배치하지 않은 경우에도 전문인력 배치 의무를 이행한 것으로 본다.

  기업규제완화법에서 전문인력 배치의무를 면제하거나 전문인력을 채용한 것으로 간주하는 요건을 충족한 경우(산업보건의)는 해당 전문인력을 배치하지 않아도 법 위반은 아니다.

- **겸직이 가능한 경우** : 상시 근로자 300명 미만을 사용하는 사업장, 건설업의 공사금액 120억원 미만인

사업장(토목공사업의 경우에는 150억원 미만 사업장)의 경우(안전관리자에 한함)에는 안전관리자, 보건관리자 및 안전보건관리담당자는 다른 업무와의 겸직이 가능하다. 업무를 겸직하는 경우에도 일정 기준 이상의 시간을 안전 또는 보건 업무를 수행할 수 있도록 보장해야 한다.

> ※ 안전·보건관리 전문인력의 안전·보건관리 업무시간
>
> 기본시간 585시간 + 위험도*에 따른 추가시간 117시간(20% 가중) + 사업장 규모별 추가시간 100명~199명/100시간, 200명~299명/200시간
>
> * 재해율 상위 10% 세부업종 : 금속광업, 철강 및 합금철 제품제조업 등 25개

- **전문인력 외부기관 위탁** : 겸직이 가능한 경우에는 안전관리자, 보건관리자 및 안전보건관리담당자 등 전문인력을 직접 채용하지 않고 외부 안전·보건관리전문기관에 위탁할 수 있다.

  안전보건관리를 위탁하는 경우, 사업주 또는 경영책임자등은 유능한 전문기관을 선택했는지, 해당 전문가의 조언을 충실하게 이행했는지 보고받고 확인할 필요가 있다.

| 알쏭달쏭 Q/A | 1.7 | 기업규제완화법상 산업보건의를 선임하지 않을 수 있음에도 불구하고 중대재해처벌법에 따라 산업보건의를 반드시 선임해야 하는 것인가요? |

▶ 「중대재해처벌법 시행령」 제4조제6호 단서에 따라 다른 법령에서 산업보건의 등의 배치에 대해 달리 정한 내용이 있으면 그 규정이 우선 적용됩니다. 따라서 기업활동규제완화법에 관한 특별조치법에서 산업보건의를 선임하지 않을 수 있도록 산업안전보건법의 예외를 규정하고 있으므로 산업보건의를 둘 것인지 여부는 기업에서 자율적으로 선택할 수 있습니다.

2) 자율 체크리스트

점검내용	점검결과
• 안전관리자, 보건관리자, 안전보건관리담당자, 산업보건의*를 법적 요건 이상으로 배치하였다 　* 기업규제완화법에서 면제하거나 채용한 것으로 간주하는 경우에는 제외	적정/ 부적정
• 안전관리자 등 전문인력의 업무 수행시간을 보장하고 있다. 　* 특히, 해당 업무를 전담하는 경우가 아니라 겸직하고 있는 경우	적정/ 부적정

3) 사업주 또는 경영책임자 조치할 사항

■ 건설업 등
  ▶ 산업안전보건법에 따라 안전관리자, 보건관리자, 안전보건관리담당자, 산업보건의 배치

■ 중앙행정기관 등
  ▶ 해당부서에서는 전문인력의 기관 및 업무에 대한 이해도 향상 지원, 산업안전보건법에 따른 전문교육 이수 관리 철저

4) 사례 예시

직책	성명	담당업무	비고
안전 관리자 (산안법 제17조)		1. 산업안전보건위원회 또는 안전·보건에 관한 노사협의체에서 심의·의결한 업무와 해당 사업장의 안전보건관리규정 및 취업규칙에서 정한 업무 2. 위험성평가에 관한 보좌 및 지도·조언 3. 안전인증대상기계등과 자율안전확인대상기계등 구입 시 적격품의 선정에 관한 보좌 및 지도·조언 4. 해당 사업장 안전교육계획의 수립 및 안전교육 실시에 관한 보좌 및 지도·조언 5. 사업장 순회점검, 지도 및 조치 건의 6. 산업재해 발생의 원인조사·분석 및 재발방지를 위한 기술적 보좌 및 지도·조언 7. 산업재해에 관한 통계의 유지·관리·분석을 위한 보좌 및 지도·조언 8. 법 또는 법에 따른 명령으로 정한 안전에 관한 사항의 이행에 관한 보좌 및 지도·조언 9. 업무수행 내용의 기록·유지 10. 그 밖에 안전에 관한 사항으로서 고용노동부장관이 정하는 사항	
보건 관리자 (산안법 제18조)		1. 산업안전보건위원회 또는 노사협의체에서 심의·의결한 업무와 안전보건관리규정 및 취업규칙에서 정한 업무 2. 안전인증대상기계등과 자율안전확인대상기계등 중 보건과 관련된 보호구 구입 시 적격품 선정에 관한 보좌 및 지도·조언	

직책	성명	담당업무	비고
		3. 위험성평가에 관한 보좌 및 지도·조언	
		4. 물질안전보건자료의 게시 또는 비치에 관한 보좌 및 지도·조언	
		5. 시행령 제31조제1항에 따른 산업보건의의 직무 (보건관리자가 「의료법」에 따른 의사인 경우에 한함)	
		6. 해당 사업장 보건교육계획의 수립 및 보건교육 실시에 관한 보좌 및 지도·조언	
		7. 해당 사업장의 근로자를 보호하기 위한 자주 발생하는 가벼운 부상에 대한 치료, 응급처치가 필요한 사람에 대한 처치, 부상·질병의 악화를 방지하기 위한 처치, 건강진단 결과 발견된 질병자의 요양지도 및 관리, 위 의료행위에 따르는 의약품의 투여에 해당하는 의료행위(보건관리자가 「의료법」에 따른 의사 또는 간호사인 경우에 한함)	
		8. 작업장 내에서 사용되는 전체 환기장치 및 국소 배기장치 등에 관한 설비의 점검과 작업방법의 공학적 개선에 관한 보좌 및 지도·조언	
		9. 사업장 순회점검·지도 및 조치의 건의	
		10. 산업재해 발생의 원인조사·분석 및 재발 방지를 위한 기술적 보좌 및 지도·조언	
		11. 산업재해 통계의 유지·관리·분석을 위한 보좌 및 지도·조언	
		12. 법 또는 법에 따른 명령으로 정한 보건에 관한 사항의 이행에 관한 보좌 및 지도·조언	

직책	성명	담당업무	비고
		13. 업무수행 내용의 기록·유지	
		14. 그 밖에 보건과 관련된 작업관리 및 작업환경관리에 관한 사항	
안전보건 관리담당자 (산안법 제19조)		1. 안전보건교육 실시에 관한 보좌 및 지도·조언 2. 위험성평가에 관한 보좌 및 지도·조언 3. 작업환경측정 및 개선에 관한 보좌 및 지도·조언 4. 건강진단에 관한 보좌 및 지도·조언 5. 산업재해 발생의 원인조사, 산업재해 통계의 기록 및 유지를 위한 보좌 및 지도·조언 6. 산업안전·보건과 관련된 안전장치 및 보호구 구입 시 적격품 선정에 관한 보좌 및 지도·조언	
산업 보건의 (산안법 제22조)		1. 건강진단 결과의 검토 및 그 결과에 따른 작업 배치, 작업 전환 또는 근로시간의 단축 등 근로자의 건강보호 조치 2. 근로자의 건강장해의 원인 조사와 재발 방지를 위한 의학적 조치 3. 그 밖에 근로자의 건강 유지 및 증진을 위하여 필요한 의학적 조치에 관하여 고용노동부장관이 정하는 사항	

5) 배치 사례

(1) A회사

■ 산업안전보건법 시행규칙 [별지 제3호서식]

안전관리자 · 보건관리자 · 산업보건의 선임 등 (변경)보고서 (건설업)

본사	사업장명			
	사업주 또는 대표자		전화번호	
	소재지			

※ ★ 란은 원수급인인 경우에만 작성합니다

현장개요	현장명		도급인	
	전화번호		휴대전화번호	
	소재지			
	공사기간 2021년 7월 1일 ~ 2022년 7월 25일		공사금액(상시근로자 수) 13,157,940,200원(25명)	
	굴착깊이(M)★ 2.0 ~ 6.7		건축물·공작물의 최대높이(M)★ 22.7	
	건축물의 연면적(㎡)★ 14,607.44		건축물의 최대층고(M)★ 7.8	
	PC(Precast Concrete)조립작업 유무★ 無		다리의 최대 지간 길이(M)★ 해당없음	
	터널길이(M)★ 해당없음		댐의 용도 및 저수용량(TON)★ 해당없음	

안전관리자	성명		기관명	
	전자우편주소		전화번호	
	자격/면허번호			
	경력	기관명		기간 2018. 08 ~ 2019. 04 / 2020. 06 ~ 2021. 03
	학력	학교		학과
	선임 등 연·월·일 2021년 12월 13일			
	전담·겸임구분 전담			

보건관리자	성명		기관명	
	전자우편주소		전화번호	
	자격/면허번호			
	경력	기관명		기간
	학력	학교		학과
	선임 등 연·월·일			
	전담·겸임구분			

산업보건의	성명		기관명	
	전자우편 주소		전화번호	
	자격/면허번호			
	경력	기관명		기간
	학력	학교		학과
	선임 등 연·월·일			
	전담·겸임구분			

「산업안전보건법 시행규칙」 제11조 및 제23조에 따라 위와 같이 제출합니다.

2021 년   12

보고인(사업주 또는 대표자)

지방고용노동청(지청)장 귀하

공지사항

이 건의 민원처리결과에 대한 만족도 조사 및 관련 제도 개선에 필요한 의견조사를 위하여 귀하의 연락처로 전화조사를 실시할 수 있습니다.

210mm×297mm[백상지(80g/㎡) 또는 중질지(80g/㎡)]

7. 종사자 의견 청취 절차 마련, 청취 및 개선 방안 마련·이행

1) 주요내용

- 근거 : 「중대재해처벌법」 제4조 및 같은 법 시행령 제4조제7호에 따라 사업 또는 사업장의 안전·보건에 관한 의견 청취 절차 마련, 의견 청취하고 개선이 필요한 경우 개선방안을 마련하여 이행하여야 하며, 반기 1회 이상 점검한 후 조치하여야 한다.

- 의의 : 산업재해 예방을 위해서는 해당 작업장소의 위험이나 개선사항을 가장 잘 알고 있는 현장 작업자인 종사자의 참여가 반드시 필요하다는 점을 고려하여 종사자의 의견을 듣고 반영하는 절차를 체계적으로 두도록 하고 있다.

 종사자의 참여는 형식적이어서는 안 되고 안전보건 목표 및 경영방침의 설정, 유해·위험요인의 확인과 개선 등 전 과정에서 충분하게 이뤄질 때 산업재해 예방에 효과적이다.

- 종사자의 의견 청취 절차 마련 : 종사자라면 누구나 자유롭게 유해·위험요인 등을 포함하여 안전·보건에 관한 의견을 개진할 수 있도록 하되, 종사자의 의

견을 듣는 절차는 사업 또는 사업장의 규모, 특성에 따라 달리 정할 수 있으며, 다양한 방법을 중첩적으로 활용하는 것이 가능하다.

사내 온라인 시스템이나 건의함을 마련하여 활용할 수도 있고, 사업장 단위 혹은 팀 단위로 주기적인 회의나 간담회 등에서 의견을 개진하도록 하는 등 수렴절차를 다양하게 마련할 수 있다.

종사자의 의견을 들으려면 먼저 종사자와 유의미한 정보*를 공유하는 것이 필요하다.

* **공유할 정보** : 경영방침, 안전보건관리규정, 위험 기계·기구와 유해물질의 정보, 위험요인별 제거관리방안, 산업재해 원인조사 및 재발방지 대책 등

종사자에게 안전·보건에 관한 의견을 듣는 절차는 법령에 규정된 절차만을 의미하는 것은 아니다.

* 온라인시스템, 신고·제안제도 또는 간담회, 특히 작업 전 안전미팅(TBM) 등 가능한 방법을 활용하면 됨.

안전보건관리에 작업자를 참여시킬 수 있는 적절한 방법을 찾아 운영하는 것을 권장한다. 작업자의 관심을 불러일으킬 수 있는 토의, 안전순찰, 안전미팅(TBM), 회의, 게시판 등을 통해 종사자들이 이야기 할 수 있도록 하는 것이 좋다. 특히 종사자들이 위험요인을 발견하고 신고했을 때 이를 인정하고 긍정적으로 평가하는 것도 좋은 방안이다.

종사자의 의견이 재해 예방을 위해 반드시 필요한 내용이라는 점이 명백함에도 개선방안 마련 및 이행이 되지 않았고, 만약 필요한 조치가 이루어졌더라면 중대산업재해가 발생하지 않았을 것이라고 인정되는 경우에는 그러한 조치를 하지 않음으로써 중대산업재해가 발생한 것에 대한 책임은 사업주 또는 경영책임자등에게 있다.

의견수렴을 통해 조치한 결과는 종사자에게 공식적으로 알리고, 기록하여 관리하여야 한다.

- **개선방안 마련, 반기 1회 이상 점검** : 종사자의 의견을 청취하고 난 후 그 의견을 반영할 것인지 여부 등을 판단하기 위한 방식이나 절차, 기준 등을 마련하여야 한다.

  재해 예방을 위하여 필요하다고 인정되는지 여부에 대한 구체적인 판단 기준은 일률적으로 정할 수 없으며, 해당 사업 또는 사업장의 특성, 규모 등을 종합적으로 고려하여 합리적이고 자율적으로 결정해야 한다.

  종사자의 의견은 재해 예방을 위해 필요한 안전·보건 확보를 위한 것이므로 제시되는 의견이 안전·보건에 관한 사항이 아닌 경우에는 청취된 의견에 대한 개선방안이 마련되지 않아도 법 위반은 아니다.

  종사자의 의견만을 들어서는 법적 의무를 다했다고

볼 수 없다. 필요한 개선방안을 마련하고 그 개선방안을 이행했는지를 반기 1회 이상 점검하고 추가적인 조치가 필요한 경우는 그 조치를 실행하여야 한다.

■ **위원회 및 협의체의 종사자 의견 청취** : 산업안전보건위원회, 도급인의 안전 및 보건에 관한 협의체, 건설공사의 안전 및 보건에 관한 협의체에서 사업 또는 사업장의 안전·보건에 관하여 논의하거나 심의·의결한 경우에는 해당 종사자의 의견을 들은 것으로 간주한다.

종사자의 의견을 청취하기 위해 산업안전보건법에 따라 운영 중인 위원회 등이 있는 경우에는 이를 활용할 수 있다.

"**산업안전보건위원회**"는 근로자의 위험 또는 건강장애를 예방하기 위한 계획 및 대책 등 산업안전·보건에 관한 중요한 사항에 대하여 노사가 함께 심의·의결하기 위한 기구로서, 사업장에 근로자위원과 사용자위원이 같은 수로 구성·운영하여야 한다. 정기회의는 분기마다 산업안전보건위원회의 위원장이 소집하며, 임시회의는 위원장이 필요하다고 인정할 때에 소집한다.

산업안전보건위원회를 운영할 때 대표되지 않는 수

급인 근로자, 파견업체(근로자) 등에도 별도로 참여 기회를 부여하는 것이 바람직하다.

"**도급인의 안전 및 보건에 관한 협의체**"는 도급인이 자신의 사업장에서 관계수급인 근로자가 작업을 하는 경우에 도급인과 수급인을 구성원으로 하여 운영하는 회의체로 매월 1회 이상 정기적으로 회의를 개최하여야 한다.

"**건설공사의 안전 및 보건에 관한 협의체**(이하 "노사협의체 "이라 한다)"는 공사금액이 120억원(토목공사업은 150억원) 이상인 건설공사 도급인이 해당 건설공사 현장에 근로자위원과 사용자위원을 같은 수로 구성·운영하는 노사협의체를 말한다. 정기회의는 2개월마다 노사협의체의 위원장이 소집하며, 임시회의는 위원장이 필요하다고 인정할 때에 소집한다. 심의·의견 사항은 산업안전보건위원회 심의·의결 사항과 동일하다.

| 알쏭달쏭 Q/A | 1.8 | 산업안전보건위원회에서 심의·의결을 한 경우 그 사업장의 모든 종사자의 의견을 청취한 것으로 간주되나요? |

근로자위원과 사용자위원으로 구성된 산업안전보건위원회의 심의·의결을 거쳤다 하더라도 모든 종사자의 의견을 청취한 것으로 간주 되지는 않습니다. 따라서 해당 사업장 소속 근로자가 아닌 종사자(수급인 근로자 등)도 산업안전보건위원회, 도급인과 수급인이 함께하는 안전보건협의체 등에서 의견을 개진할 수 있도록 하거나 별도의 의견 청취 절차를 두는 것이 좋습니다.

2) 자율 체크리스트

점검내용	점검결과
• 안전보건에 관한 사항(문제점 및 개선방안 등)에 대해 종사자의 의견을 듣는 신고·제안 절차를 운영하고 있다.	적정/부적정
• 산업안전보건위원회(산안법 제24조) 구성·운영하고 있다.	적정/부적정
• 도급인·수급인 협의체(산안법 제64조), 건설공사 협의체(산안법 제75조) 등을 운영하고 있다.	적정/부적정
• 종사자의 의견을 듣고 재해예방에 필요하다고 인정하는 경우 개선방안을 마련하여 이행 여부를 반기 1회 이상 점검한 후 필요한 조치를 하고 있다.	적정/부적정

3) 사업주 또는 경영책임자 조치할 사항
- 건설업 등
  - 사업 또는 사업장의 안전·보건에 관한 의견 청취 절차 마련
  - 종사자 의견청취 및 개선방안 마련
  - 유해·위험요인에 대한 대책 마련
  - 종사자 의견 청취 및 개선방안 마련하여 이행하는지를 반기 1회 이상 점검 및 필요한 조치
  - 안전관리자 등 겸직하고 있는 경우 전문인력의 업무 수행시간 보장
  - 산업안전위원회, 건설공사협의체, 도급인·수급인 협의체, 온라인시스템, 신고·제안제도 또는 간담회, 작업전 안전미팅 등을 통한 의견 청취

- 중앙행정기관 등
  - 모든 부서에서는 직원의 안전·건강 관련 건의·애로사항 청취 및 개선
  - 총괄부서에서는 산업안전보건위원회 등 개최, 안전보건 소통함·게시판 등 운영

4) 의견청취 사례

(1) A회사 의견청취 절차

1. 목적

본 절차서는 중대재해처벌법 시행령 제4조 제7호의 안전보건에 관한 의견청취와 내·외부 의사소통을 위해 필요한 개선방안 마련 및 이행절차를 규정한다.

2. 적용 범위

중대재해처벌법에 따라 작업의 위험을 가장 잘 알고 있는 현장 작업 종사자 등의 재해예방 활동참여가 필요하므로 그 의견을 반영하는 절차에 적용한다.

3. 용어의 정의

3.1 '의견' 이라 함은 회사의 안전보건과 관련하여 내·외부 종사자 등 이해관계자로부터 접수되는 유해·위험요인, 예방활동, 기타 개선사항을 말한다.

  3.1.1 사내 의견
    (1) 작업공정 또는 업무 등에서 발생한 유해위험성 관련 사항(※핵심 주제)
    (2) 중대재해처벌법의 확보의무 및 관리상의 조치 방안
    (3) 안전보건 방침, 안전보건 목표, 세부목표 및 추진계획에 관련된 사항
    (4) 설비의 신, 증설, 폐기 및 변경으로 인한 위험성 관련
    (5) 중대재해처벌법 활동과 관련한 개선사항, 결과 및 건의사항
    (6) 기타 안전보건과 관련된 일반의견, 제안 등

  3.1.2 사외 의견
    (1) 지역주민 등 시민의 의견이나 관련단체의 요청사항
    (2) 회사와 관련된 안전보건 관련 기관의 요청사항
    (3) 회사 주변의 안전보건 사고 정보

(4) 고객의 전화, 서신, 신고 등의 의견

(5) 정부 또는 지방자치단체에서 요구하는 의견사항

3.2 '종사자' 라 함은 근로기준법상의 근로자, '도급, 용역, 위탁' 등으로 노무를 제공하는 자, 도급에 따른 수급인과 수급인의 근로자 등을 말한다.

3.3 '이해관계자' 라 함은 우리회사와 관련되 내·외부종사자 및 행정기관, 단체, 시민 등 안전보건에 관계가 있는 근로자, 개인, 조직을 말한다.

4. 책임과 권한(R&R)

4.1 경영책임자

중대산업재해예방을 위해 안전보건에 대한 의견청취 절차를 마련하고, 반기 1회 직접 점검 또는 그 점검결과를 보고 받는다.

4.2 안전보건관리 책임자(*전담조직장 R&R)

(1) 내외부 모든 종사자와 이해관계자로부터 유해위험에 대한 의견청취를 취합, 분석 및 대책 수립하여 반기 1회 이상 경영책임자에게 보고, 조치한다.

(2) 평사시, 비상사태, 재해발생 시에 종사자와 관련기관의 유해위험 또는 개선에 관한 의견을 취합, 분석 및 대책 수립하여 경영책임자에게 보고한다.

4.3 안전관리자

(1) 조직 내 여러 계층 간의 내부 의사소통과 외부 이해관계자로부터 관련 민원 접수, 문서화 및 회신을 위한 체계적인 외사소통 절차를 수립 및 유지

(2) 종사자, 시민, 고객 등 내외부 이해 관계자의 안전보건 의견(민원)을 접수, 처리결과 통보

(3) 제시된 의견 등이 재해예방을 위한 유해위험사항일 경우 수시위험성평가, 정기위험성평가와 연계하여 발견된 위험이 후속절차에 따라 조치되도록 한다.

4.4 관리감독자

(1) 소속부서의 종사자 등 누구나 자유롭게 유해위험요인 등을 포함하여 안전보건에 대한 의견을 청취하여 안전관리자, 안전보건관리책임자에게 보고한다.

(2) 관련된 외부 작업자 등 관련 종사자들로 부터 위험, 개선 의견을 청취하여 유해위험 요인을 제거 또는 그 내용을 안전관리자에게 전달한다.

4.5 종사자

자유롭게 유해위험요인 등의 안전보건 의견을 개진하는 등 의견제출, 의사소통으로 종사자 자신의 안전보건확보를 위해 적극적인 참여와 협조한다.

5. 업무절차(Process)

5.1 내부 의견청취, 의사소통

(1) 관리감독자는 해당부서의 안전보건경영활동 결과, 의견 및 건의사항을 안전관리자에게 전달한다.

(2) 관리감독자는 소속 종사자의 의견, 안전사고 및 긴급사태시 안전보건에 관한 의견 등을 접수하면 안전관리자에게 전달한다.

(3) 안전관리자는 조직 내에서 접수된 안전보건경영활동 결과, 의견 및 건의사항을 접수, 검토한다.

(4) 안전관리자는 그 의견이 중대재해예방을 위해 필요한 경우에는 안전보건관리책임자의 검토를 거쳐 경영책임자에게 보고결재, 개선방안을 마련한다.

(5) 안전관리자는 의견의 처리결과는 교육, 훈련, 사보, 게시판, 공고간행물, 회의 등으로 종사자에게 알린다.

(6) 의견청취 등 의사소통은 전화, 건의함 및 사내전산망 등을 이용하며 특별한 경우를 제외하고 수신자는 필히 열람하여 응대한다.

(7) 안전보건관리 책임자는 종사자 등으로부터 개진된 안전보건에 관한 중대한 유해위험성에 대한 의견이 발생한 경우 개선하고 경영책임자에게 보고한다.

(8) 산업안전보건위원회, 안전보건협의체에서의 의견개진, 의결사항 중 중대산업재해예방 관련 의견은 우선으로 처리하고 그 결과를 종사자에게 전달한다.

(9) 도급인의 안전보건협의체는 매월 1회 이상 회의를 개최하여 수급인으로부터 유해위험요인에 대한 의견을 청취, 개선조치하고 분기별 합동점검 한다.

(10) 제시된 의견이 재해예방에 필요한 사항일 경우 위험성 평가와 연계하고 필요시 수시 위험성 평가를 꼭 실시한다

5.2 외부 종사자, 시민, 고객, 방문자 등으로부터 의견, 민원 접수 및 전달

(1) 관리 감독자는 외부 종사자 등 이해관계자로부터 안전보건 의견을 접수하면 안전관리자에게 통보한다.

(2) 안전관리자는 외부 이해관계자로부터 안전보건관련 의견을 접수하면 그 의견이 중대산업/시민재해 관련 등 반영여부를 분석, 결정하여 조치한다.

(3) 안전관리자는 재해예방을 위해 반드시 필요한 안전보건 의견은 관련 부서에 발생내역을 통보하여 원인 파악 및 개선조치를 의뢰해야 한다.

(4) 안전관리자는 안전보건 의견, 민원의 처리결과를 내, 외부 종사자와 이해관계자에게 통보하고 안전보건 의견 건의 및 제안 서류에 기록 관리한다.

(5) 안전관리자는 사내·외의 각종 안전보건 의견, 정보 중 필요하다고 인정되는 경우 그 결과를 회신 전달한다.

(6) 안전관리자는 외부 의견개진, 외사소통 내용을 기록 보관한다.

(7) 안전보건관리 책임자는 외부 의견개진, 의사소통 내용 중 중대산업재해예방을 위한 필요한 사항은 법규 및 그 밖의 요구사항 절차에 따라 처리한다.

(8) 외부 종사자, 시민, 고객, 방문자 등이 제출한 의견이 재해예방에 필요한 사항일 경우 위험성 평가와 연계하고 필요시 수시 위험성 평가를 꼭 실시한다

(2) B회사

協議體會議錄

현장명 :						
회의장소	현장 상황실		개최일시	2022. 03. 08.		

참 석 인 원
(업체 중 업체 참가)

업체명	성 명	서 명	업체명	성 명	서 명
	" 별	첨	참	조 "	

< 토의사항 >
1. 3(ONE)직 지키기 운동 시행
2. 고소작업대 사용 안전수칙 준수 철저
3. 환절기 화재예방 관리 철저
4. 출력 보고 및 TBM 시 위험예지활동 철저

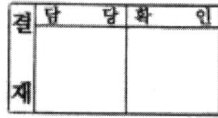

결재 | 담 | 당 | 확 | 인

<의결사항>
1. 3(ONE)직 지키기 운동 시행의 건
 : 하루 1시간, 전 직원 안전순찰, 하루 1가지 불안전한 상태 및 행동 개선, 하루 1사람 안전보건에 대한 의견 청취
 : 관리감독자 일일 점검표 작성 및 보관
2. 고소작업대 사용 안전수칙 준수 철저
 : 고소작업대 운전원 안전교육 이수 철저(산업안전보건법 제26조 1항 등 관련)
 : 관리자,작업자,유도자가 지켜야 될 주요 사항 숙지
3. 환절기 화재예방 관리 철저
 : 동절기 양생용 동유 말통,고체연료켄 등 잉여자재 반출, 폐기물 처리 실시
   임시소방시설 시공 간섭 시 반드시 안전팀 승인 후 진행
   분전함 1M 이내 가연성 물질 적재 금지
4. 출력 보고 및 TBM 시 위험예지활동 철저
 : (당초) 전 공종 통합 작업진행사항 발표 → (변경) 각 공종별 TBM 및 위험예지활동 실시

	사진첨부
목 적	안전보건총괄책임자를 두어야하는 사업주는 그가 사용하는 동일한 장소에서 작업을 할때에 생기는 산업재해를 예방하기 위하여 협의체를 구성하여야 한다.
해당법규	산업안전보건법 제64조1항, 시행규칙79조
정기회의	매월 1회이상 실시	위반시	500만원 이하의 벌금
구 성	안전보건총괄책임자, 안전관리자, 보건관리자, 협력업체 대표자 전원
기본사항	1. 수급인 사업주(협력업체)는 안전보건총괄책임자가 실시하는 순회점검 (2일 1회이상)을 거부, 방해 또는 기피하여서는 아니되며 점검결과 도급인인 사업주의 시정요구가 있을 때에는 이에 응하여야 한다. 2. 도급인인 사업주는 수급인 사업주가 행하는 근로자의 안전보건교육, 필요한 장소 및 자료의 제공 등 필요한 조치를 하여야 한다. 3. 도급인인 사업주는 발파작업, 화재발생, 토석의 붕괴 등의 경우에 사용하는 경보를 통일하여 수급인인 사업주 및 전 근로자에게 주지시켜야 한다

회의 토의 사항

1. 작업의 시작 및 종료시간
2. 작업장 간의 연락방법
3. 재해발생 위험의 대피방법
4. 안전보건에 관한 운영
5. 순회점검에 관한 사항
6. 수급인이 행하는 근로자의 안전보건교육에 대한 지도와 지원
7. 산업재해 예방을 위하여 필요하다고 지정하는 사항

(3) C회사

안 전 보 건 협 의 체 회 의 록

현 장 명: 2022년 02월 16일

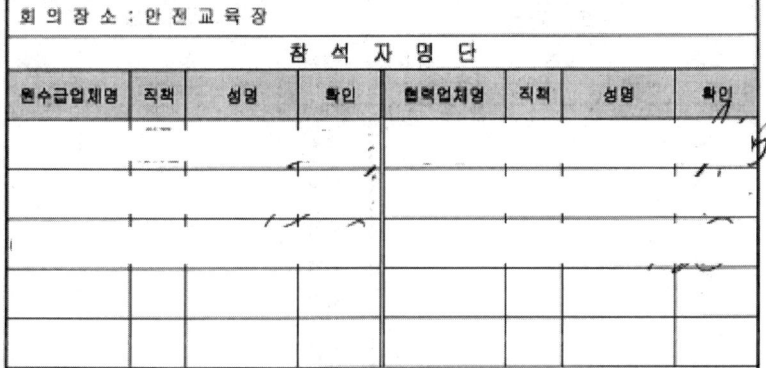

[토의 및 의결사항]
(1) 작업의 시작 및 종료시간에 관한 사항:
- ■작업시작: 07:00   ■작업종료: 17:00

(2) 작업장간의 연락방법에 관한 사항:
- 각 반장은 휴대전화 휴대철저 및 배포한 비상연락망 숙지 철저

(3) 재해발생 위험의 대피방법에 관한 사항:
- 현장내 작업자는 유도자의 신호하에 신속히 외부로 대피

(4) 안전 및 보건에 관한 운영:
- 코로나 예방관리 철저(근로자 발열체크) 및 코로나 예방접종 확인자 현장 투입, 마스크착용 철저
- 안전시설물 해체 금지 (개구부덮개 관리 철저 - 개구부덮개 OPEN상태에서 관리 불량시 근로자 교육)
- 외부 시스템비계 고소작업자 승강통로 이용 철저(내부에서 비계로 이동 금지철저)

(5) 작업장의 순회점검에 관한 사항:
- 화재예방관리 철저(화기작업구간 불티비산 방지조치 및 소화기 비치 철저)
- 고속절단기 사용 및 핸드그라인더 사용시 보안경 착용 철저
- T/L 안전규정 준수 철저(안전대착용 및 안전고리 체결, 과상승방지봉 활용, 상승상태에서 주행금지)
- B/T 비계 관리 철저(안전난간대, 안전발판, 아웃트리거 조립 철저)

(6) 수급인이 행하는 근로자의 안전보건교육에 대한 지도와 지원:
- 신규근로자 채용시 안전교육철저
- 신규장비 반입시 장비 및 장비기사 자격유무 확인 및 교육 철저

(7) 기타 산업재해예방을 위해 필요한 사항:
- 위험성평가 대책 이행 철저
- 근로자 개인보호구(안전모, 안전화, 안전대)착용 철저

(4) D회사

노사협의체 회의			일시 : 2022년 01월 27일		
			장소 : 각 업체 사무실		
참석자 명단					
사용자위원			근로자위원		
직함	성명	서명	직함	성명	서명
위원장			근로자대표		
간사			위원		
위원			위원		
위원			위원		
위원			위원		
위원			위원		
위원			위원		
위원			위원		
위원			위원		
위원			위원		
			위원		
2022 년 01 월 노사협의체 회의결과					

▶심의·의결사항

항목	심의·의결 내용	찬성	반대
1.산업재해 예방계획 수립의 관한 사항	안전사고 예방활동 - 2022년 안전목표 중 공정안전회의 실시 계획 매주 화/목 오후 4시(주후 변동될 수 있음) - 고령근로자 건강진단서(배치전) 등 제출 후 작업 - 안전시설물 임의해체 금지	10	0
2.안전보건관리규정 작성 및 변경에 관한 사항	변동사항 없음	10	0
3.근로자 안전보건교육에 관한 사항	-마스크 미착용자 교육장 및 현장출입 금지(유지) -오전 안전조회(07:00) 및 오후 TBM(12:50) 333운동 (15:00) 시간 변경 및 전원 참석 : 설 이후 시행 - 신규 및 특별교육 대상자 반드시 사전 교육 이수	10	0
4.작업환경 측정 등 작업환경의 점검 및 개선에 관한 사항	2021년 하반기 작업환경측정 실시 완료 - 2022년 상반기 작업환경측정 실시 예정(4월)	10	0
5.근로자 건강진단 등 건강관리에 관한 사항	근로자 위생관리 - 코로나19 방역지침 관련 교육 등 전파(유지) - 손세정제, 마스크 착용 / 체온 측정·현장 출입시스템 통과(시행) - 기침 등 호흡기 증상자 발견 시 즉시 보고(유지) - 코로나19 관련 PCR/자가 검사 홍보(신규자는 필수 제출)	10	0
6.중대재해 원인조사 및 재발방지대책의 수립에 관한 사항	최근 사고사례 전파 및 잠재위험 전달 TBM 활동 시 전파	10	0
7.산업재해에 관한 통계의 기록, 유지에 관한 사항	- 산업재해 통계 기록, 유지	10	0
8.그 밖의 산업재해 예방과 관련된 사항	공종별 위험요인 확인 - MSDS 대상물질 관리 철저(소분 용기 경고표지 부착) - 이동식틀비계 설치 상태 지속 관리 - 지하층 구간 작업 통로/조도 확보 및 정리정돈 - 주말휴일 위험작업은 반드시 사전 승인 필요(유지) - 시스템 비계/서포트 수직도 등 설치 상태 관리(조립도 준수)	10	0
9.근로자 의견	000(00건설) : 현장 소화기 관리 철저 부탁 000(00건설) : 지정된 흡연장소 설치 건의(작업장 내 금연) 000(00건설) : 오후 안전활동을 팀별 자율활동으로 실시할 수 있도록 건의 000(00건설) 의견 없음 000(00건설) : 의견 없음	10	0

8. 중대산업재해 발생 시 조치 매뉴얼 마련 및 조치 여부

1) 주요내용
- 근거 : 「중대재해처벌법」 제4조 및 같은 법 시행령 제4조제8호에 따라 사업 또는 사업장에 중대산업재해가 발생하거나 발생할 급박한 위험이 있을 경우를 대비하여 매뉴얼을 마련하고 매뉴얼에 따라 조치하였는지를 반기 1회 이상 점검하여야 한다.

- 의의 : 사업주 또는 경영책임자등이 중대산업재해 발생 등 긴급 상황에 대처할 수 있는 작업중지 및 근로자 대피, 위험요인 제거 등에 관한 체계적인 매뉴얼을 마련하여 중대산업재해 발생으로 인한 피해를 최소화하여야 한다.
  대응조치, 구호조치 및 추가 피해방지 조치에 관한 매뉴얼은 긴급 상황에서 체계적으로 대응하고 해당 조치에 응할 수 있도록 종사자 전원에게 공유하여야 한다. 대응시나리오에는 단계별로 구체적인 조치계획이 포함하여야 하는데, 작업중지, 근로자의 신속한 대피, 위험요인의 제거, 재해자에 대한 구호조치, 추가 피해방지를 위한 조치입니다.

■ **대응조치** : 중대산업재해가 발생하였거나 급박한 위험이 있는 경우 즉각적으로 작업 중지와 근로자 대피가 이루어질 수 있도록 하여야 한다. 매뉴얼에는 사업주의 작업 중지 외에 근로자 등 종사자의 작업중지권, 관리감독자의 작업중지권도 포함할 수 있도록 하여야 한다. 매뉴얼로는 위험요인의 제거 후 추가적인 피해를 초래하지 않는 경우에만 작업이 진행되도록 절차를 마련하여야 한다.

중대산업재해가 발생한 경우에는 지체 없이 발생개요, 피해상황, 조치 및 전망 등을 지방고용노동관서에 보고하여야 한다.

도급인은 작업장에서 발파작업을 하는 경우, 작업 장소에서 화재·폭발, 토사·구축물 등이 붕괴 또는 지진 등이 발생한 경우에 대비한 경보체계 운영과 대피방법 등에 관한 훈련을 하여야 한다. 이는 중대산업재해가 발생할 급박한 위험이 있는 경우를 대비한 것으로 매뉴얼에는 위 내용을 포함하여야 한다.

근로자가 사업장 내 작업 장소에서 산업재해가 발생할 급박한 위험이 있다고 판단한 경우에는 작업중지권의 행사를 보장하도록 하는 내용을 포함하여야 한다.

종사자가 안전·보건에 관한 사항에 대해 의견을 제시하였다는 이유로 종사자 또는 종사자가 소속된 수급인에게 불이익한 조치를 하여서는 아니 됨은 물론이고, 오히려 적극적으로 의견을 개진하도록 촉진하는 내용이 절차상에 포함되는 것이 바람직하다.

- **구호조치** : 119 등 긴급 상황 시의 연락체계와 함께 사업 또는 사업장 특성에 따라 필요한 기본적인 응급조치 방안을 포함하여야 한다.

    건축물의 붕괴 등으로 인해 추가 피해가 예상되는 경우에는 직접적인 구호조치 이행의 예외로 할 수 있다.

- **추가 피해방지 조치** : 현장 출입통제, 해당 사업장 외 유사 작업이 이루어지는 사업장 등 전체 사업 또는 사업장에 해당 사항 공유, 원인분석 및 재발 방지 대책을 마련하여야 한다. 작업 중지 조치는 추가 피해방지를 위한 조치가 완료되기 전까지 유지되어야 한다.

    재해 발생 사실과 조사내용은 소속 직원뿐만 아니라 도급·용역·위탁 업체 등에도 알리고 교육하도록 조치하여야 한다.

- **반기 1회 이상 점검** : 사업주 또는 경영책임자등이 현장에서 잘 조치되고 있는지를 매뉴얼에 따라 반기 1회 이상 점검하야야 한다.

※ 중대재해 또는 급박한 위험 발생 시 대응 절차도

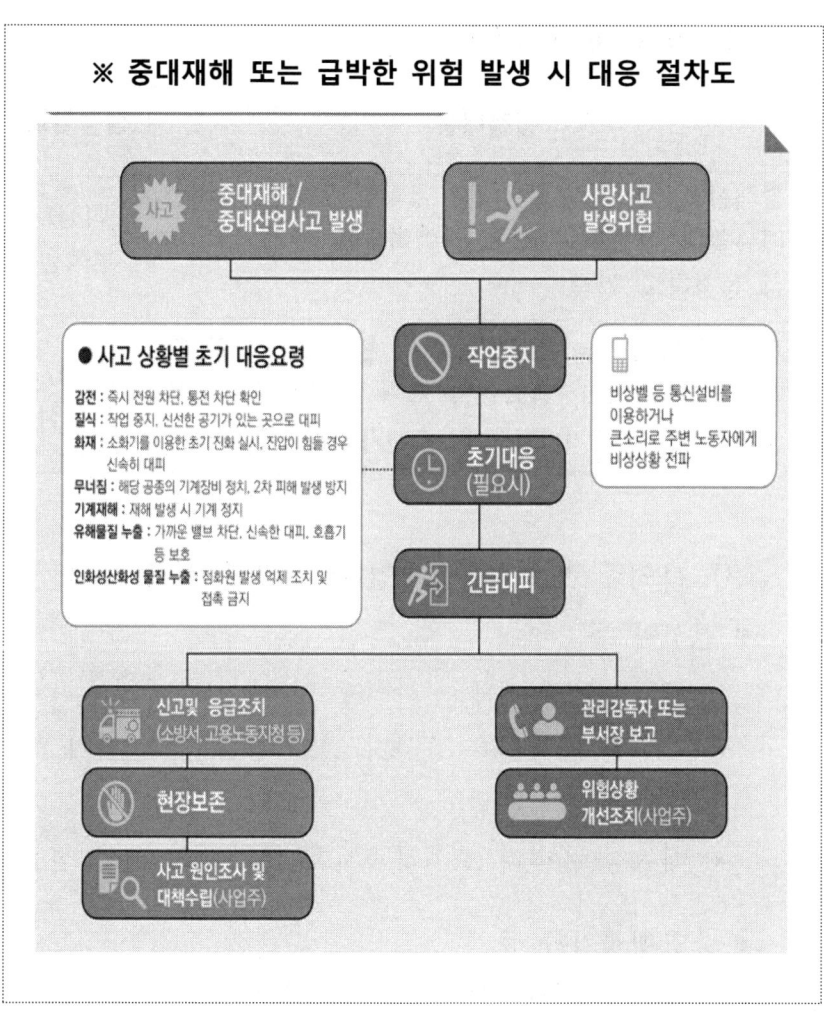

2) 자율 체크리스트

점검내용	점검결과
• 중대산업재해가 발생하거나 급박한 위험에 대비한 매뉴얼이 마련되어 있고 이행여부를 반기 1회 이상 점검하고 있다.	적정/ 부적정
• 해당 매뉴얼에는 중대산업재해 발생 시 작업 중지, 근로자 대피, 위험요인 제거 등 대응조치, 재해자 구호 및 추가 피해방지 조치가 포함되어 있다.	적정/ 부적정

3) 사업주 또는 경영책임자 조치할 사항

■ 건설업 등

▸ 위험요인별 재해 시나리오 및 매뉴얼 작성

▸ 작성한 매뉴얼은 종사자 전원 공유 및 종사자 주기적인 교육·훈련

▸ 매뉴얼에 따라 조치하는지를 반기 1회 이상 점검

■ 중앙행정기관 등

▸ 모든 부서에서는 중대재해 대응 매뉴얼 숙지, 현업 등 별도 작업장 등이 있는 경우 부서 현실에 맞게 조정하여 자체 매뉴얼 마련

▸ 본부 전담부서에서는 소속기관의 매뉴얼의 적정성 검토, 매뉴얼에 따른 조치여부 확인

▸ 소속기관에서는 유해·위험 특성을 반영한 다양한 사고 **시나리오**에 대한 매뉴얼 마련, 주기적 훈련, **매뉴얼** 적정성 검토

4) 시나리오 작성 예시

■ **추락사고 대응**

시간 및 상황	조치사항	담 당	비 고
00:00~00:01 추락사고 발생 /환자 발생	· 비계에서 고소작업 중 몸의 균형을 잃고 직원이 추락 · 사내 방송 또는 비상경보로 비상상황을 전파하고 지원 요청		
00:01~00:06 환자 구조	· 동료 직원 등이 호흡 정지 여부를 확인하고 인공호흡과 심폐소생술 실시 · 출혈이 심하면 지혈하고, 쇼크를 막기 위해 담요 등으로 보온 조치		
119 구조대 신고	· 119 구조대에 추락사고 발생상황을 신고		
환자 응급조치	· 골절이 있으면 그 부위를 부목으로 움직이지 못하도록 고정 · 외상이 있으면 소독 및 필요한 연고 약을 상처에 바르고 거즈 또는 붕대로 상처부위를 보호 · 119 구조대 도착 시 현장으로 안내하고 필요시 지원 · 2차 재해가 발생치 않도록 현장에 출입 통제하고 표지판을 게시하는 등 필요한 안전조치 실시		
00:06~00:10 상황 보고	· 관계기관 등 상황 보고 "△△공장입니다. 비계에서 고소작업 중 몸의 균형을 잃고 직원이 추락하는 사고가 발생했습니다.		

	119 구조대에 구조를 요청하고 현재 직원이 외상 임시 치료 및 심폐소생술 등 필요한 응급조치를 했습니다."		
현장 보존	• 현장 보존 조치 사고 현장 주위에 아무도 출입하지 못하도록 울타리를 치고 재해 발생원인 조사 종료 시까지 현장을 보존		
00:10~ 환자 병원 후송	• 119 구조대 도착하여 응급조치 후 병원으로 후송		

■ 질식, 감전재해 대응

시간 및 상황	조치사항	담당	비고
00:00~00:01 질식/감전 사고 발생 /환자 발생	· (질식) 물탱크에서 밀폐공간 출입작업 중 직원이 산소결핍으로 질식사고 발생 · (감전) 전기실에서 정전작업 중 제3자가 전원을 투입하여 작업 중인 직원이 감전 · 사내 방송 또는 비상경보로 비상상황을 전파하고 지원 요청		
00:01~00:06 환자 구조 119 구조대 신고 환자 응급조치 2차 재해방지 조치	· (질식) 동료 직원 등이 공기호흡기를 착용하고 재해자 구조 · (감전) 동료 직원 등이 전원을 차단하고 재해자 구조 · 호흡 정지 여부를 확인하고 인공호흡과 심폐소생술 실시 · 119 구조대에 질식사고 발생상황을 신고 · 119 구조대 도착 시 현장으로 안내하고 필요시 지원 · 2차 재해가 발생치 않도록 현장에 출입 통제하고 표지판을 게시하는 등 필요한 안전조치 실시		
00:06~00:10 상황보고 현장 보존	· 관계기관 등 상황보고 "○○기업입니다. 우리 회사 물탱크에서 질식사고가 발생하여 119 구조대에 구조를 요청하고 현재 직원이 심폐소생술 등 필요한 응급조치를 했습니다." · 현장 보존 조치 사고 현장 주위에 아무도 출입하지 못하도록 울타리를 치고 재해 발생원인 조사 종료 시까지 현장을 보존		
00:10~ 환자 병원 후송	· 119 구조대 도착하여 응급조치 후 병원으로 후송		

■ 협착사고 대응

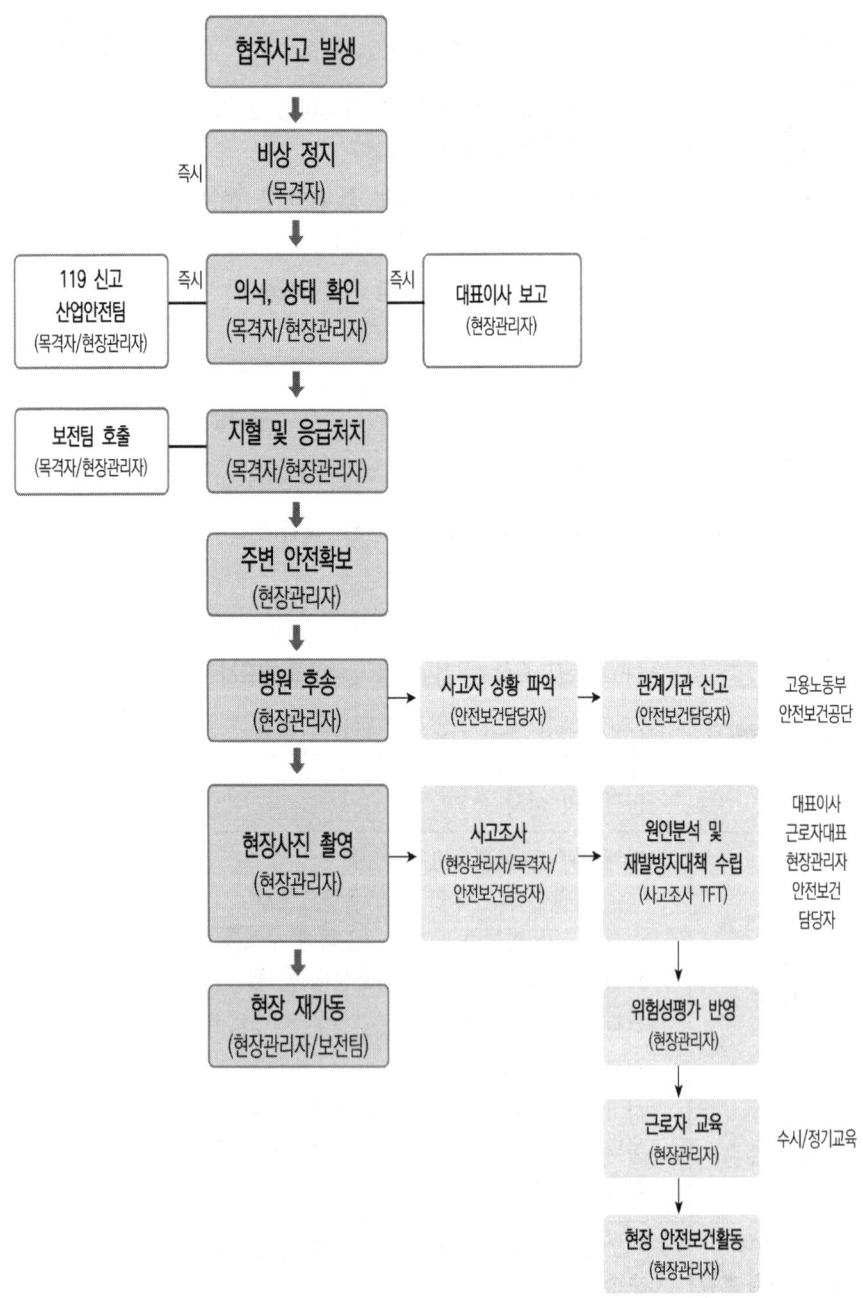

5) 중대산업재해 대응 매뉴얼 작성 및 점검 사례

(1) A기관(중대산업재해 대응 매뉴얼, 공통사항)

| 1 | 일반개요 |

가. 개념

- (정의) '중대재해'는 「산업안전보건법」에서 "산업재해 중 사망 등 재해의 정도가 심하거나 다수의 재해자가 발생한 경우로서 고용노동부령으로 정하는 재해"를 말함
  ※ 「중대재해처벌법」의 '중대산업재해'는 「산업안전보건법」의 산업재해를 전제로 함

- (목적) 경영책임자*가 안전보건 조치를 강화하고 안전투자를 확대하여 중대재해를 근원적으로 예방하기 위함
  * 사업을 대표하고 총괄하는 권한과 책임이 있는 사람

- 본 매뉴얼은 「중대재해 처벌 등에 관한 법률 시행령」 제4조 8호에 근거하여 **"중대산업재해의 대응"**을 중점으로 작성

나. 적용 범위

- (범위) 상시근로자 5명 이상 고용하고 있는 사업 또는 사업장

- ▸ 사업 종류에는 제한규정이 없어 **공공기관, 지자체, 중앙행정기관도 적용대상임**
- ▸ '상시근로자'란 「근로기준법」 상 근로자로, 기간제 근로자, 일용근로자, 파견근로자, 외국인근로자 등을 포함하며, 산정방법은 아래와 같음

| 2 | 중대재해 대응체계 |

■ **비상조직(중대재해대응단)을 통한 신속한 총력 대응**

- ▸ (구성시기) 부내 사고로 인한 중대재해 발생시

   ※ 질병피해의 경우 별도 판단, 중대재해가 아닌 안전사고는 사업장별 대응

- ▸ 조직구성 및 역할

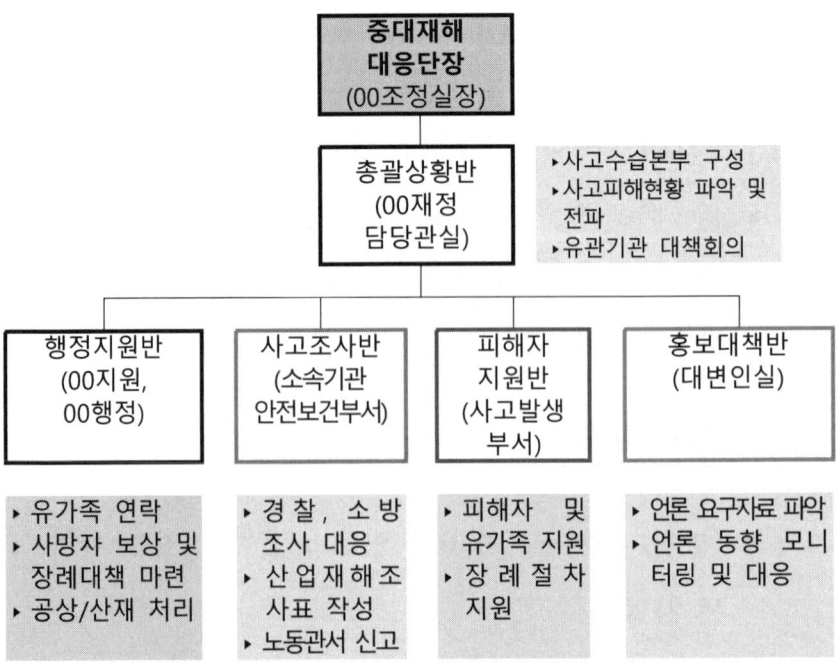

- **재해발생 원인의 조사를 통한 위해·위험요인 발굴**
  - 해당 작업장에 대해 위험성 평가, 종사자 의견청취 등을 실시하여 인적, 물적, 관리적 위험·위해요소 발굴
  - 질병성 재해의 경우 근골격계 유해원인조사, 특수건강검진 등을 실시

- **동일·유사재해 재발방지를 위한 대책 마련**
  - 근로환경, 업무절차, 매뉴얼 등 개선, 종사자 추가교육 및 사례 전파
  - 사고후유증(장애, 트라우마), 직업성 질병의 경우 종사자의 건강상태 및 업무성격을 고려하여 보직 변경 또는 전환배치 추진

| 4 | 중대재해 발생 시 대응 절차 |

단계	내용	담당
1. 상황전파	• 주변에 사고발생 전파, 주의 환기 및 119 신고	작업현장
2. 작업중지	• 감독자 및 근로자가 재해 발생 또는 급박한 위험 발견 시 즉시 작업 중지	작업현장
3. 초기대응 (위험요인 제거)	• 피해자 응급조치, 본부/소속 전담부서 보고 • 위험요인 제거 　(소화작업 등 확산차단, 비상벨 작동 등) • 사고현장 및 주변 출입통제	사고부서, 본부/소속 전담부서
4. 긴급대피	• 위험요인의 통제 불가시 **긴급대피** • 임시대피소 및 응급의료소 설치·운영(필요시) • 사고위치 및 요인, 피해내용 확인 • (피해자 안전확보 후) **상황 발생 보고** ※ 사고발생부서 → 안전보건팀 보고 후 안전보건팀은 지체없이 관할 고용노동부 지청에 신고	본부/소속 전담부서 ↓ 본부 안전보건팀, 노동부 지청
5. 상황판단 및 대응	• 중대재해대응단 가동 필요성 **판단회의** • **중대재해대응단 가동**(필요시) 　- 단원 소집 및 임무부여 등 • 사고현장 구조인력(소방, 군·경, 유관기관 등) 동원 • 피해자 및 유가족 지원 대책 마련	본부 안전보건팀 ↓ 중대재해 대응단

6. 현장보존	• 재해 발생 기록·보존 • 사고 발생시 은폐 금지 및 보고 의무화 • **출입금지 표시 설치 및 일체 접근 금지** • 응급구조 활동 외 생산 활동 등 일체의 업무 제한	중대재해 대응단

▼

7. 원인조사 및 재발방지대책 수립	• 재해 사실의 확인 • **재해요인의 파악** • 재해요인의 결정 • 재발방지대책의 수립	중대재해 대응단

1. 사고 발생 시 지체 없이 신고하고 보고하자!

◇ 사고 발생을 인지한 경우 즉시 주변인의 안전을 위해 상황을 전파합니다.
◇ 종사자의 생명과 신체 보호를 위해 지체없이 119에 신고합니다.

■ **신속한 신고와 상황전파**

▶ 최초 발견자는 부상자 또는 사망자 발생 등을 119에 즉시 신고

　· 신고자는 침착하게 현장의 주소, 부상자의 상황 등을 알림

▶ 범죄, 테러 등과 관련이 있다고 판단될 시 112에 신고

▶ 종사자의 생명과 신체보호를 위한 긴급신고를 마친 후, 주변 작업자에게 위험상황을 전파함

※ 큰 소리로 주변에 위기상황을 알리며, 비상벨 등을 통해 위험 상황 전파

2. 즉시 작업을 중지하자!

◇ 산업재해 발생 시 모든 임·직원은 즉시 작업을 중단합니다.
◇ 또한, 산업재해가 발생할 급박한 위험을 발견 시에도 즉시 작업을 중단합니다.

- **안전한 근무환경을 위한 '작업중지권' 발동**
  - ▸ 감독자 및 모든 근로자는 현장 내 유해·위험요인을 발굴하거나, 산업재해 발생 시 즉시 작업을 중단 또는 중단을 요청함
  - ▸ 단, 피해의 확산우려가 없거나 응급상황이 아닐 경우 신고자는 필요 시 관련 증빙사진을 제출하여 현장 안전점검을 요청
  - ※ 가능한 작업자의 안전확보를 최우선으로 고려하여 대응 필요
  - ▸ 안전담당자는 현장을 확인하고 위험요인을 파악 후 개선 요구
  - ▸ 안전보건관리책임자는 조치사항을 확인하고 이상이 없을 경우 작업을 재개하도록 함
  - ▸ 안전담당자는 작업중지 요청 기록대장에 모든 작업중지 요청 건을 작성 및 관리 [붙임 1]

<< 위험 작업 작업중지 요청 절차 >>

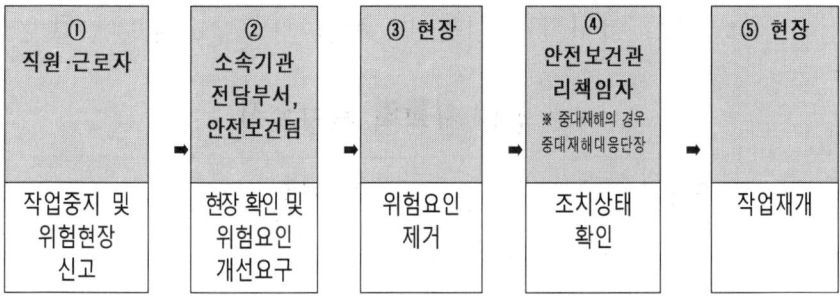

3. 올바른 초기대응을 통해 피해확산을 방지하자!

◇ 사고 현장을 조사하고, 구조인력 및 장비의 필요성을 확인 합니다.
◇ 환자의 상태를 파악하고 상황별 응급조치를 실시합니다.
◇ 주변의 위험성 여부 파악과 위험요인 제거 후 구조 및 대피해야 합니다.
◇ 모든 처치내용과 응급처치 사항을 기록하여 병원에 제시해야 합니다.

■ 피해자 초기 응급조치

▸ 구급용구(자동제세동기(AED), 소화기, 비상벨 등)가 있는 장소 숙지

▸ 환자와 근로자의 안정성 등 현장의 현황정보 파악

▸ 호흡정지 등의 위험 우선순위를 파악하고 처치 실시

▸ 주변 근로자에게 도움 요청 및 필요한 사항 구체적인 지시

▸ 모포나 체온 유지가 필요할 시 담요 준비 및 음료 준비

▸ 현장에 대한 관찰과 증거물 파악, 현장 소지품 보존

▸ 모든 처치사항 기록 및 병원 이송 시 내용 전달

<< 주요 상황별 응급조치 >>

구분	주요 내용
감전	• 즉시 전원스위치 차단 • 구조자의 절연보호구 착용 후 감전 부위로부터 감전 재해자 분리 • 무의식, 호흡, 맥박시 기도확보 후 인공호흡, 심장마사지 실시

	• 골절 의심 시 부목 고정, 상처부위에는 소독거즈 조치 실시 ※ 감전으로 인한 화상은 의식이 있어도 몸 안쪽까지 화상을 입는 경우가 있으므로 반드시 전문 의료인에게 진찰 필요
붕괴	• 붕괴 징조 시 신속한 대피 안내방송과 비상벨(경보기 등) 작동 • 대피반을 중심으로 근로자를 건물 밖으로 즉시 대피 조치 • 전기나 가스시설 차단 및 중요한 물건은 안전한 곳으로 이동 • 붕괴 위험지역에 안전띠 설치 등 현장접근 통제조치
화재	• 신속한 대피 안내방송 실시 및 전기 차단 • 건물 내(화장실 등) 내부 잔류자 유무 확인 • 코와 입을 막고 연기보다 낮은 자세로 이동 • 닫힌 문의 손잡이의 온도 확인시 다른 문 이용 및 외부 도움 요청 • 건물 밖 대피시 미리 지정해 둔 재집결 장소로 이동 뒤 인원 확인 • 일반용 승강기(피난용 승강기 제외) 이용 금지 및 비상계단 이동
골절	• 다친 부위를 움직이지 않게 고정 • 외피의 상처를 동반한 개방성 골절의 경우 지혈처치 우선 • 외상이 없는 폐쇄성 골절은 내부 출혈의 징후를 관찰 • 운반하는 동안 통증을 최소화할 수 있도록 냉습포(얼음찜질) 실시 ※ 비상운반 시 골절부위의 위, 아래를 전부 지지해야함 • 병원에서 마취가 필요할 수 있으므로 먹거나 마실 것 금지

■ 현장의 피해 및 위험요인 파악

《인명피해 파악》

▶ 사고 위치 파악 및 원인요인과 피해 정도 파악
- 인명피해(부상자/사상자/부상 정도), 추가 요구조자 파악
  ※ 의식, 호흡, 맥박, 출혈, 골절유무 등 확인
- 사고 사업장의 구조·용도·규모 및 총 근로자 수 파악

▶ 사고 현장 구조인력(소방, 공무원, 유관기관 등) 동원 요청

《피해시설 및 위험요인 파악》

▶ 사고 주변 현장 피해시설 및 위험물 현황* 파악
 * 해당 작업장에 대해 구체적인 인적, 물적, 관리적 위해요소 파악

▶ 위험요인(가스, 전기, 상수도 등) 차단 및 긴급 안전조치 확인

▶ 사고현장의 외부 출입을 철저히 통제

4. 신속하고 안전하게 대피하고, 정확하게 보고하자!

◇ 안전담당자, 경찰관, 소방관 등의 안내에 따라 질서있게 이동하며 추가적인 안전사고가 발생하지 않도록 대피합니다.

◇ 안전담당자는 근로자 임시대피소와 응급 의료소를 설치·운영하여 소방 등 관계기관의 대응을 지원합니다.

◇ 사고발생부서는 0000부 안전보건팀과 고용노동부 담당지청 산재예방과에 중대산업재해의 발생을 보고합니다.

■ 신속한 피해자 대피 유도 및 중대재해 발생 보고

▶ 대규모 인명피해가 우려되는 징후를 감지한 최초 발견자는 화재경보기, 방송 등을 이용하여 사고상황을 전파하고 대피를 유도

· 가스, 위험물질 공급 밸브류는 신속히 차단하여 2차 피해확산 방지

▶ 0000부 상황실(안전보건팀)에 현재 상황을 신속하고 정확하게 보고

· 비상연락망을 통해 유선, SMS, 카카오톡 등으로 통해 우선 보고

※ 사진, 동영상 등을 통해 현장 상황을 파악할 수 있도록 관련 정보 공유

(상 시) 대피로 점검 및 대피소(대피장소) 파악	• 대피로 숙지·교육(안내), 파손 여부 확인 • 임시대피소의 규모, 접근성, 적정인원, 장소 등 고려하여 선정 • 임시대피소/응급의료소의 기본시설 및 필요한 사항 확인

▼

(1단계) 대피경보 발령	• 사업장 내 대피경보 발령(사이렌, 방송 등)

▼

(2단계) 대피인원 점검 및 피해 현황파악	• 근로자 대피인원 파악 및 부상 유무 확인 • 현장응급의료소 설치 공간 확보(필요시) ※ 응급환자 이송을 위한 차량진입 유도

▼

(3단계) 상황보고	• 본부 ○○○○○○실 안전보건팀으로 상황보고

▼

(4단계) 시설안전점검 및 긴급복구	• 사고지역 접근 및 출입 통제 • 시설물안전점검 진단 및 시설복구

■ 안전사고 및 중대재해의 신고절차

▸ 안전보건팀은 안전사고 및 중대재해의 발생 시 아래의 절차를 통해 지체없이 관계기관에 전파

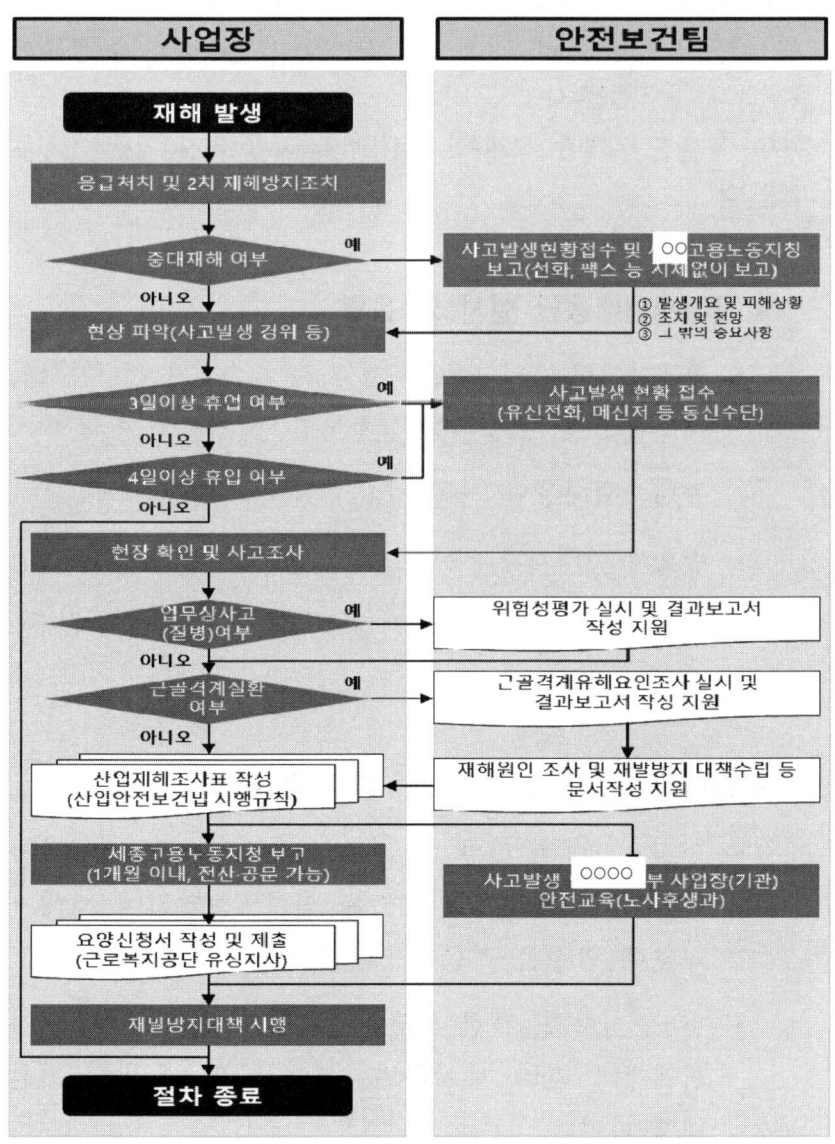

5. 시의 적절한 상황판단과 대응으로 피해를 최소화 한다!

◇ 안전보건팀은 상황판단회의를 통해 중대재해대응단 가동여부를 결정합니다.
◇ 총괄상황반장은 현장상황을 중대재해대응단장에게 보고합니다.
◇ 안전보건팀은 근로자 임시대피소와 응급 의료소를 설치·운영하여 소방 등 관계 기관의 대응을 지원합니다.
◇ 지자체 및 관련 사고수습대책기구와 협력하여 피해자 및 유가족 지원에 만전을 기합니다.

■ 중대재해대응단 설치 및 운영

▶ 안전보건팀은 사고발생부서 또는 소속기관 전담부서의 재해발생 및 초등대응 상황보고 등 자료를 수집

▶ 중대재해대응단 가동 필요성 판단회의를 개최

▶ 필요시 중대재해대응단(가칭)을 가동하고 반별 임무 수행

· 총괄상황반장은 즉시 현장을 파악 후 중대재해대응단장에게 보고

■ 임시대피소와 응급의료소 설치 및 운영

▶ 안전보건팀은 소방 및 긴급구조기관의 도착 전까지 임시대피소와 응급의료소를 설치·운영하여 피해자 구호에 만전을 기함

▶ 소방, 지자체, 관련 사고수습본부 설치 후 이들의 지휘체계에 따라 대처하며, 피해자 및 유가족 지원 대책 마련

■ 노동관서에 중대재해 발생 현황 및 대응현황 보고

▸ 유선으로 고용노동부 담당지청 산재예방과에 중대산업재해 발생보고

· 고용노동부 위험상황신고전화(1588-3088) 24시간 운영

· 재발방지계획의 수립·시행, 근로자 교육, 산업재해조사표 작성

※ 안전담당자는 지체없이 산업재해조사표를 작성하여 보고 [붙임 2]

6. 사고 현장을 보존하자!

◇ 작업중지와 함께 종합적인 원인 파악을 위해 반드시 현장을 보존해야 합니다.
◇ 다양한 정보를 취득하고, 현장훼손을 막기 위해 접근을 차단해야 합니다.

■ 현장정보 확보 및 출입금지 시행

▸ 안전담당자는 사고 원인분석의 기초자료로 활용될 수 있도록 사고현장을 사진과 동영상으로 촬영하고 CCTV를 확보함

▸ 사고현장의 훼손을 막기 위해, 출입금지 표시를 분명히 하고, 일체의 접근을 금함

▸ 사고현장은 응급구조를 위한 구조활동 외에 일체의 업무를 제한함

7. 원인조사를 실시하고 방지대책을 수립하자!

◇ 사고 현황, 피해 현황 등 재해 사실의 확인하여 중대재해 상황보고서 작성합니다.
◇ 재해 발생요인의 파악, 결정 등 사고 원인조사를 실시합니다.
◇ 사고 원인조사, 중대재해 상황보고서를 기반으로 재발방지대책 수립을 실시합니다.

■ 종합적 사고원인조사의 실시

▸ 원인조사는 과학적인 방법으로 발생원인을 규명하고, 안전대책을 수립함으로써 동종 및 유사사고 방지를 위해 실시

▸ 원인조사자는 객관적이고 공평한 입장 유지(2인1조 원인조사)

▸ 정확한 원인조사를 위해 '직접원인'과 '간접원인'으로 분류하여 조사 진행

직접원인		간접원인	
사람	불안전한 행동	기술적	시공 및 안전관리
물체	불안전한 상태	교육적	법적교육 이수
기계	불안정한 결함	관리적	감독자 정위치
시설	불안정한 현장	기계적	장비작업계획서
환경	불안전한 상황		

▸ 사고조사는 6하원칙에 의거하여 정확한 원인을 규명

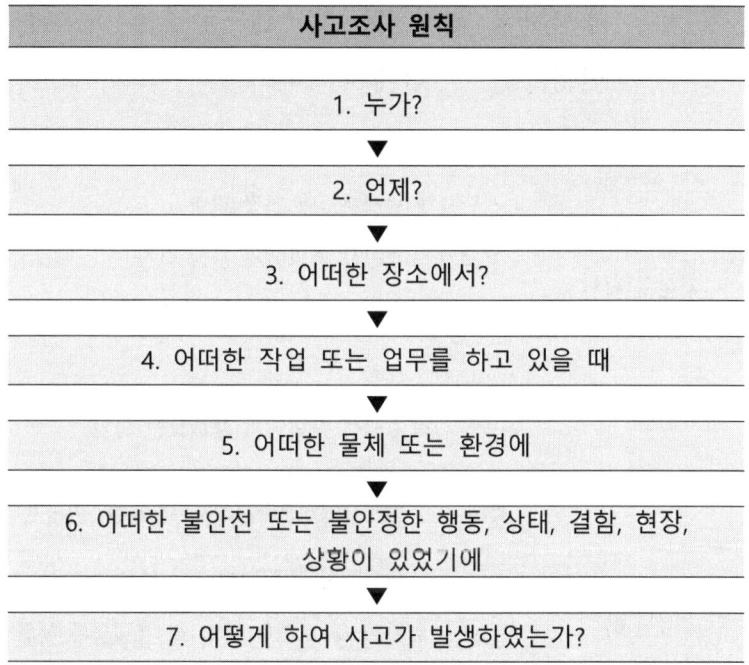

▸ 사고 원인조사를 통해 사고상황보고서 작성

※ 중대재해 상황보고서는 지체없이 작성하여 보고 〔붙임 3〕

■ 사고 재발방지계획의 수립

▸ 원인조사를 통해 파악된 문제점 및 원인을 근거하여 물적·인적·관리적 측면에서 재해재발방지계획을 수립하고 공유

▸ 근로환경, 업무절차, 매뉴얼 등의 개선, 종사자 추가교육 및 사례 전파

▶ 사고후유증(장애, 트라우마), 직업성 질병의 경우 종사자의 건강상태 및 업무성격을 고려하여 보직 변경 또는 전환배치 추진

(1단계) 사실의 확인	• 산업재해 발생까지의 과정 파악 • 물적·인적·관리적 측면에서 사실 수집 ※ 사진, 동영상, CCTV, 인터뷰, 일지 등 파악	
(2단계) 재해요인의 파악	• 물적·인적·관리적 측면에서 재해요인 파악	
	물적	• 협착재해/ 추락재해/ 전도재해/ 기타재해
	인적	• 안전수칙, 작업절차 준수여부 • 작업 중 무리한 동작 및 불필요한 행위 • 근골격계질환 부담작업의 작업방법
	관리적	• 근로자 정기/ 특별 안전보건교육 실시 • 신규채용자 안전교육 실시 상태 • 작업장 안전점검 실시 상태 • 안전검사 실시 상태 등
(3단계) 재해요인의 결정	• 재해요인의 상관관계와 중요도를 고려해 직접원인 및 간접원인 결정	
(4단계) 계획(대책)의 수립	• 근본적인 문제점 및 재해원인을 근거로 동종 또는 유사 재해방지계획을 구체적으로 수립	

| 5 | 중대재해 대응 관련 비상연락망 |

가. 00부 비상연락망

사업장	담당부서	담당자	전 화	팩 스
본부	0000담당관			
	00000담당관실			
	00000담당관실			
	운00원과			
	0000기획관실			
	0000담당관실			
	00기획과			
0000본부	**00후생과**			
00청사				
00청사	관리과			
00청사	관리과			
00청사	시설과			
0000연구원	**00지원과**			
본원				
00	행정운영과			
00	행정운영과			
0000연구원	**00기획과**			
00000관리원	**00전략과**			
00본원				
00센터	운영총괄과			
0000인재개발원	**00지원과**			
000000교육원	**00협력과**			
00기록원	**00지원과**			
본원				
00기록관	00기록관			
00기록관	00기록관			
00기록관	00기록관			
0000위원회	**00과**			
00000위원회	**00지원과**			
000기록관	**00기획과**			

나. 유관기관 비상연락망

□ **00지역**

기관명	담당부서	전 화	팩 스
00소방서	상황실		
00병원	응급센터		
0000병원	응급실		
00보건소	보건행정		
한국전력공사	배전사령실 / 급전분소		
한국전기안전공사	0000지역본부		
한국가스안전공사	0000지역본부		
상수도사업본부	00사업소		
00경찰서	상황실		
00유역환경청	화학안전관리단		

| 붙임 1 | 작업중지 요청 기록대장 |

작업중지 요청 기록대장

<0000부 00청사 00>

연번	신고일시	신고자	신고내용	처리내용	완료여부	처리자	비고
1							
2							
3							
4							
5							
6							

붙임 2   산업재해조사표

■ 산업안전보건법 시행규칙 [별지 제1호의2서식] <개정 2018. 12. 31.>

산업재해 조사표

※ 뒤쪽의 작성방법을 읽고 작성해 주시기 바라며, [ ]에는 해당하는 곳에 √ 표시를 합니다.

(앞쪽)

I. 사업장 정보

①산재관리번호 (사업개시번호)		사업자등록번호	
②사업장명		③근로자 수	
업종		소재지	(-)
④재해자가 사내 수급인 소속인 경우(건설업 제외)	원도급인 사업장명	⑤재해자가 파견근로자인 경우	파견사업주 사업장명
	사업장 산재관리번호 (사업개시번호)		사업장 산재관리번호 (사업개시번호)

건설업만 작성

발주자		[ ]민간 [ ]국가·지방자치단체 [ ]공공기관
⑥원수급 사업장명		공사현장 명
⑦원수급 사업장 산재관리번호(사업개시번호)		
⑧공사종류		공정률 % 공사금액 백만원

※ 아래 항목은 재해자별로 각각 작성하되, 같은 재해로 재해자가 여러 명이 발생한 경우에는 별도 서식에 추가로 적습니다.

II. 재해정보

성명	주민등록번호(외국인등록번호) 성별 [ ]남 [ ]여
국적	[ ]내국인 [ ]외국인 [국적: ⑨체류자격:] ⑩직업
입사일	년 월 일 같은 종류업무 근속기간 년 월
⑪고용형태	[ ]상용 [ ]임시 [ ]일용 [ ]무급가족종사자 [ ]자영업자 [ ]그 밖의 사항 [ ]
⑫근무형태	[ ]정상 [ ]2교대 [ ]3교대 [ ]4교대 [ ]시간제 [ ]그 밖의 사항 [ ]
⑬상해종류(질병명)	⑭상해부위(질병부위) ⑮휴업예상일수 휴업 [ ]일 사망 여부 [ ]사망

III. 재해발생 개요 및 원인

⑯재해발생 개요	발생일시	[ ]년 [ ]월 [ ]일 [ ]요일 [ ]시 [ ]분
	발생장소	
	재해관련 작업유형	
	재해발생 당시 상황	
⑰재해발생원인		

IV. ⑱재발방지계획

※ 위 재발방지 계획 이행을 위한 안전보건교육 및 기술지도 등을 한국산업안전보건공단에서 무료로 제공하고 있으니 즉시 기술지원 서비스를 받고자 하는 경우 오른쪽에 √ 표시를 하시기 바랍니다. 즉시 기술지원 서비스 요청 [ ]

작성자 성명

작성자 전화번호 작성일 년 월 일

사업주 (서명 또는 인)

근로자대표(재해자) (서명 또는 인)

( )지방고용노동청장(지청장) 귀하

재해 분류자 기입란 (사업장에서는 작성하지 않습니다)	발생형태 ☐☐☐ 작업지역·공정 ☐☐☐	기인물 ☐☐☐☐ ☐ 작업내용 ☐☐☐

| 붙임 3 | 중대재해 상황 보고서(사업장 초동보고) |

(사업장명) 중대재해 발생 및 대응상황 보고

☐ **개요**
　ㅇ 일시/장소 :
　ㅇ 발생원인 :

☐ **피해상황**
　ㅇ 인명피해 :   　명(사망: , 실종: , 부상:)
　　※ 피해자 인적사항 별첨
　ㅇ 재산피해 :
　ㅇ 기　　타 :

☐ **긴급구조 및 수습상황**
　ㅇ 조치내역 :
　ㅇ 동원상황
　　- 인력 :
　　- 장비 :

☐ **지원·협조 요청사항(타 부서 및 기관 등)**
　ㅇ 예산, 인력, 장비 등

☐ **향후 전망 및 대책(구조, 구호, 복구, 피해자 지원 등)**
　ㅇ

　　　　　　　　　　작성자: 소속기관명 부서명 성명

붙임 4 : 제·개정 이력

연번	제·개정일	내용	확인
1	2022. 1.	제정	

(2) B회사 점검계획

* 제목 :   000 상반기 경영진 참석 재난대응 모의훈련 및 간담회 실시

1. 사고예방을 위해 노력하시는 전 현장의 노고에 감사 드립니다.

2. 재난 상황에 대비하여 재난대응 모의훈련을 전 현장 일제히 실시하고자 합니다.

3. 이를 통해 현장의 비상대응체제를 평가 및 분석하고 중대재해 발생시 피해를 최소화 할 수 있게 하기 위하여 아래와 같이 재난대응 모의훈련 및 간담회를 시행하여 주시기 바랍니다.

--- 아 래 ---

1. 목 적
   가. 재난대응 모의훈련의 시행으로 초동대처 역량 및 유관기관과의 유기적인 협력 강화
   나. 재난대응 절차와 행동요령, 임무와 역할을 숙지하여 재난대응능력 강화

2. 세부추진사항
   가. 계획수립
      1) 중대재해 발생상황을 가정해 현장별 작업여건 및 특성을 반영
      2) 필요시 유관기관과의 협력을 통해 임무, 역할분담이 가능하도록 계획 수립
      3) 가급적 도상훈련보다는 실제 행동요령을 숙지 할 수 있는 훈련으로 진행 검토

   나. 훈련실시 및 평가
      1) **훈련 및 평가실시 : 2022년 4월 13일**
      2) 코로나 상황임을 고려해 가급적 참석인원 30명 이내 필수인원으로 선별해 진행
      3) 훈련 결과에 따른 문제점 도출 및 대책수립

   다. 결과보고
      1) **보고기한 : 2022년 4월 15일 (본사 수신일 기준)**
      2) 업무협조전으로 첨부된 한글양식 그대로 첨부하여 발송(PDF 파일로 변환 금지)

   라. 기 타
      1) **4월 "CEO 안전보건 점검 및 중대재해 근절 결의대회" 는 "재난대응 모의훈련 및 간담회"로 대체**
      2) 경영진 참석현장은 사전에 일정 협의하여 훈련 진행 상황을 참관할 수 있도록 진행

첨   부 : 재난대응 모의훈련 및 간담회 결과보고(양식) ---- 1부. 끝.

(3) C회사

제1조 목적
　본 매뉴얼은 ○○○○ (주)(이하 "회사"라 한다)의 현장 안전사고 발생 시 사고보고 체계를 확립하여 신속한 보고 및 효과적 대응으로 인명, 재산상 손실을 최소화하는데 목적이 있다.

제2조 적용범위
　본 매뉴얼은 회사에서 운영하는 전체 현장을 대상으로 적용한다.

제3조 용어의 정의
　"중대재해"란 "중대산업재해"와 "중대시민재해"를 말한다.
① "중대산업재해"란 「산업안전보건법」 제2조제1호에 따른 산업재해 중 다음 각 목의 어느 하나에 해당하는 결과를 야기한 재해를 말한다.
1. 사망자가 1명 이상 발생
2. 동일한 사고로 6개월 이상 치료가 필요한 부상자가 2명 이상 발생
3. 동일한 유해요인으로 급성중독 등 대통령령으로 정하는 직업성 질병자가 1년 이내에 3명 이상 발생
② "중대시민재해"란 특정 원료 또는 제조물, 공중이용시설 또는 공중교통수단의 설계, 제조, 설치, 관리상의 결함을 원인으로 하여 발생한 재해로서 다음 각 목의 어느 하나에 해당하는 결과를 야기한 재해를 말한
다. 다만, 중대산업재해에 해당하는 재해는 제외한다.
1. 사망자가 1명 이상 발생
2. 동일한 사고로 2개월 이상 치료가 필요한 부상자가 10명 이상 발생
3. 동일한 원인으로 3개월 이상 치료가 필요한 질병자가 10명 이상 발생
③ 일반재해란 3일 이상 휴업이 필요한 재해를 의미한다.

제4조 안전사고 보고 체계
① 일반재해가 발생한 경우 아래와 같은 방법으로 업무를 처리한다.
1. 재해발생 : 재해발생 즉시 해당 관리감독자(공사담당자) 및 협력업체에서는 안전관리자 또는 안전보건총괄책임자(현장소장)에게 보고한다.
2. 환자후송 : 환자상태를 파악 후 지정병원 앰블런스 또는 일반

차량으로 가까운 병원으로 신속히 후송한다. (환자 후송시 공사 책임자가 동행한다.)
※ 임의적으로 환자를 이동시 부상을 더 악화시킬 수 있으므로 주의하고, 비상상황에 대비해 현장에 둘것은 사전에 필히 준비해 두도록 한다.
3. 현장보존 : 안전관리자는 사고현장의 증빙사진을 촬영하고 사고원인에 대하여 조사 및 목격자(관련자) 진술서를 확보한다.
4. 병원도착 : 환자의 부상정도가 심할 경우 대형 병원으로 후송한다. (환자 후송시 공사책임자 및 협력업체 직원이 동행한다.)
5. 보고 : 현장소장에게 환자상태 등을 보고하고 재해자가 협력업체인 경우 협력업체를 통하여 재해자 가족에게 연락을 취하도록 한다. 현장소장 및 안전관리자는 사고발생 즉시 본사 안전담당부서 및 해당 공사부서에 유선 및 "재해보고서"를 작성하여 서면으로보고 한다.
6. 산재처리 : 재해발생일로부터 1개월 이내에 관할 지방고용노동관서에 "산업재해조사표" 를 작성하여 제출하여야 하며, 요양신청서를 작성 후 뒷면에 의사소견을 받아 근로복지공단에 제출한다.

제5조 중대재해 발생 시 대응
① 업무분장
1. 안전담당부서 : 관련법규 검토, 원인조사 및 사고처리 지원, 대외기관(노동부,안전보건공단,경찰서,근로복지공단 등) 행정업무 지원
2. 본사 등 : 사고 현장에서 요청하는 인원 및 각종 지원사항에 대하여 최우선 지원
3. 현장소장 : 사고처리 대책 반장, 경찰서, 노동부 등 사고조사업무 수행 및 사고예방대책 수립, 언론보도 차단에 최우선 노력
4. 관리담당 : 영안실 준비 및 유족함의 업무 총괄 경찰서, 노동부 산업안전과, 근로복지공단 보상부등 대관업무 지원
5. 공사과장(공사담당) : 경찰서, 노동부 등 사고조사업무 수행 및 사고에 대한 책임목격자 진술서 확보, 현장 통제
6. 공무담당 : 사고 상황일지 작성, 각종 대·내외 보고자료 작성 및 검토
7. 안전관리자 : 사고현장의 증빙사진을 촬영하고 사고원인에 대하여 조사 본사 및 대관(노동부, 발주처 등) 사고보고 업무, 안전관련서류

확인
8. 협력업체 : 사고에 대한 1차 형사책임(경찰서 및 노동부 조사업무
   수행) 부상자 및 사망자 유가족 합의업무 책임 처리
② 처리순서
1. 중대재해 발생
   재해발생 즉시 해당 관리감독자(공사담당자) 및 협력업체에서는
   안전관리자 또는 안전 보건총괄책임자(현장소장)에게 보고한다.
2. 재해자 후송
(ⅰ) 지정병원 앰블런스를 이용하여 병원으로 후송한다.
(ⅱ) 병원 후송시 협력업체 관리감독자 또는 공사책임자가 동승한다.
3. 현장보존 및 진술확보
   안전관리자는 사고현장의 증빙사진을 촬영하고 목격자 및 관련자의
   진술서 확보 및 안전조치 미비 여부를 파악한다.
4. 중대재해보고
(가) 본사 : 현장소장 및 안전관리자는 사고발생 즉시 안전담당부서,
   해당 공사부서에 유선 및 서면보고.
(나) 대관 : 노동부 및 관할경찰서, 기타 관계기관 보고는
   안전담당부서와 협의하에 보고
5. 회의소집(1차) : 현장소장은 직원회의를 소집하여 초기대응계획을
   수립한다.
(가) 경찰 현장조사 초기대응 방안
(나) 보고 및 연락에 관한 사항 : 경찰서, 노동부, 유가족
6. 경찰 조사
(가) 현장조사를 통해 사고원인 및 사진 등의 증거를 확보한다.
(나) 목격자 및 관련자를 경찰서로 불러 사고경위 등의 진술을 확보한다.
7. 고용노동부 조사
(가) 사고발생 후 즉시 보고한다.
(나) 안전보건공단 직원과 함께 사고내용 및 원인을 조사한다.
(다) 목격자와 관련자에 대해 현장조사시 사고경위를 묻고 노동사무소
   로 불러 사고경위 등의 진술서를 작성한다.
8. 보고절차 (일반재해와 동일한 절차에 의거 보고)
① 중대재해가 발생한 사업장에서는 발생 즉시 안전담당부서 및 해당 공
   사부서에 유선 보고 후 "재해보고서"를 작성하여 서면보고 한다.

② 중대재해 발생시에는 관할 고용노동부에 사고발생 즉시 보고하여야한다.
③ 본사 안전담당부서는 재해경위를 파악하고 원인을 조사한다.
제5조 안전사고 보고 서류
① 일반재해 발생 시 제출서류 (본사 안전담당부서 징구)
(1) 재해발생보고서 및 산업재해조사표
(2) 재해원인 분석 및 방지대책
(3) 관리감독자 진술 및 대책서
(4) 재해자, 가해자, 목격자 진술서
(5) 재해발생 상황도 (사진 - 가능한 사고 당시의 재연사진)
(6) 재해발생보고 지연사유서 (보고기한을 지체하여 제출 및 본사점검에서 적발시)
(7) 초진 소견서
(8) 도급/하도급계약서
(9) 근재보험증권
(10) 기타 산업재해 보상보험 청구 및 근재보험 청구시 필요서류 일체
② 중대재해 발생 시 준비서류
(1) 원청·하청 법인등기부등본, 원청·하청 사업자등록증 사본
(2) 공사도급계약서(원도급, 하도급)
(3) 근로계약서, 임금대장, 출력일보, 사망진단서
(4) 사고보고서(중대재해보고서), 목격자 진술서
(5) 작업일보
(6) 관리책임자등 선임보고서(원청,하청)
(7) 안전교육일지(신규채용시교육, 정기교육, 특별교육)
(8) 건강진단서, 보호구지급대장
(9) 안전보건협의체 회의록, 안전보건위원회 회의록
(10) 안전점검일지(합동안전점검 포함)
(11) 안전관리비
(12) 기타서류 (일반재해 발생시 제출서류 일체 및 대관기관 요청자료

○ 일반재해 발생시 업무체계도

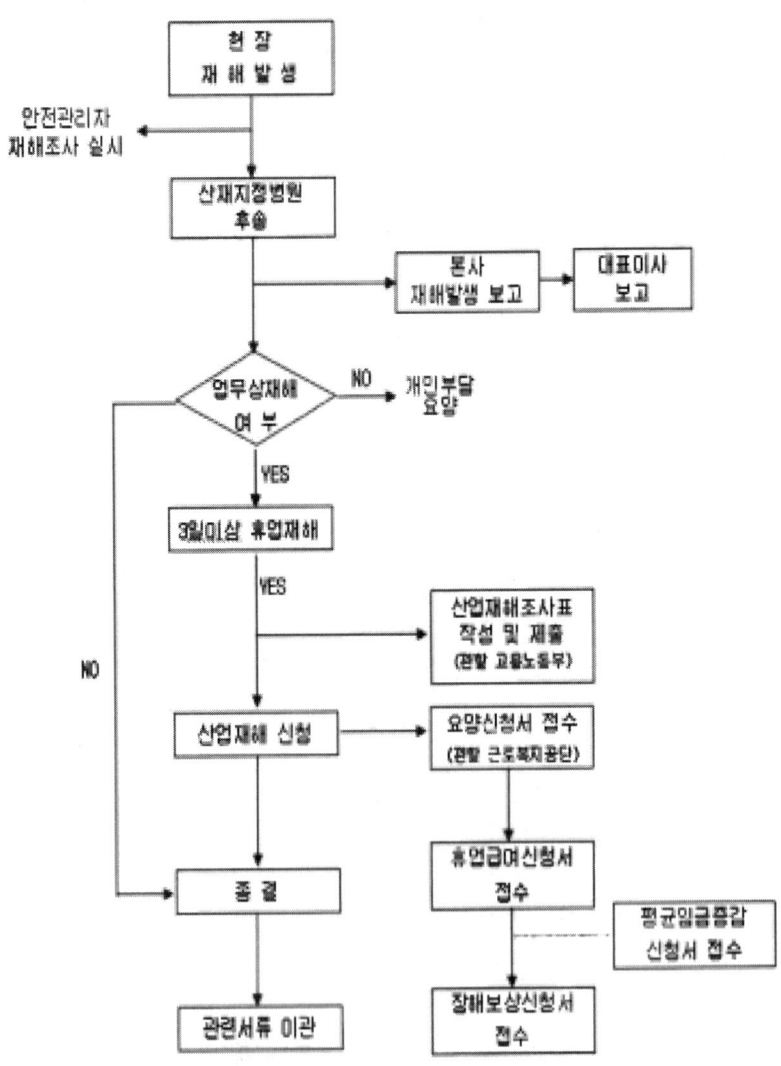

○ 중대재해 발생시 업무체계도

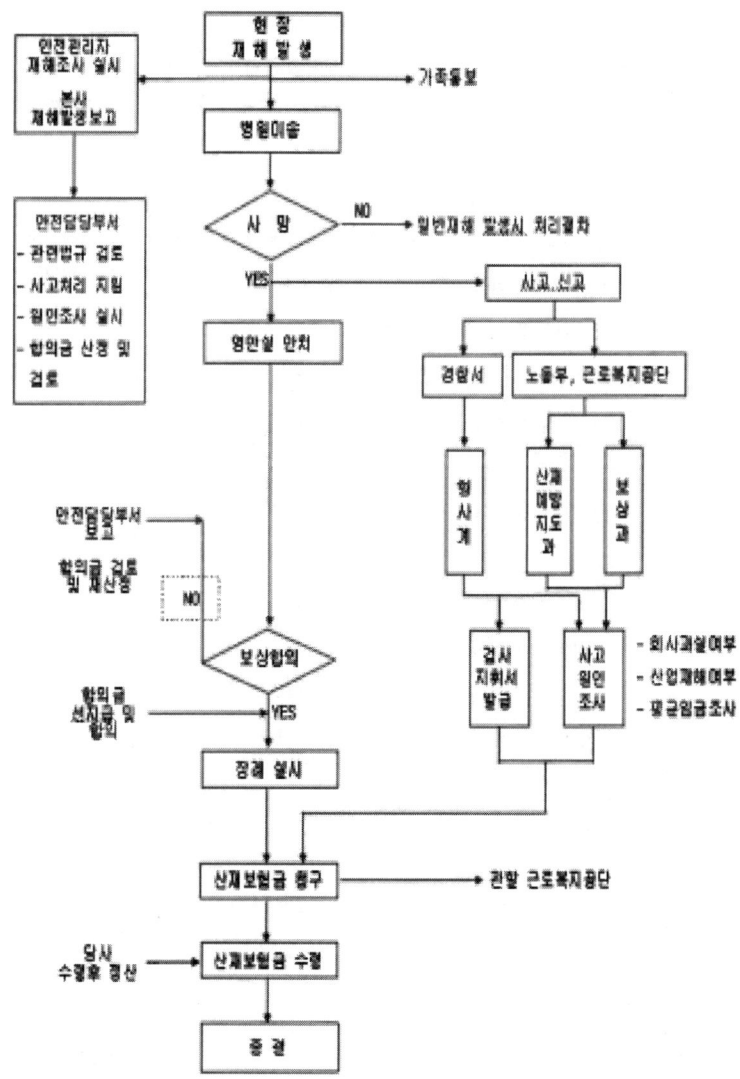

비상대응 매뉴얼

구 분	행동 및 조치절차	업무수행
중대 산업 재해 발생	발생 즉시 해당 작업을 중지하여 추가 피해를 방지한다. 최초 발견자는 휴대폰, 무전기, 유선 이용해서 발생 장소 및 환자상태를 소속 관리감독자(부서장)에게 신속히 연락한다. (비상연락망 공유 및 숙지 후 신속 연락) 인명피해, 화재 등 경우 119등에 즉시 신고한다.	최초발견자
응급조치	지혈장비를 이용하여 부상부위를 심장보다 높게 유지하는 등 환자의 상태에 따라서 적절하게 조치를 취한다.	작업관리자 (작업자)
사고현장 처리	사고현장은 최대한 조사가 이루어지기까지 그대로 보존한다. 2차 재해등의 우려가 있을 경우 작업자 대피 등 위험원을 보호조치하고, 관계자 외에는 출입을 통제한다.	관리감독자
이송	재해자는 즉시 이송한다. 구급차가 필요한 경우 119등에 요청하여 환자를 이송한다.	관리감독자
사후관리	보고대상인 경우 관계기관 사고발생 보고(고용노동부 등) 사고대책반, 재해원인 조사 및 재발방지 대책 수립 사고원인 및 보완사항 안전교육 개인별 임무 숙지, 응급처지의 적절성 보완 등	관리감독자
매월 1일 - 산업재해 미보고건 재확인/산업재해 조사표 제출		

중대산업재해 발생시 업무 절차

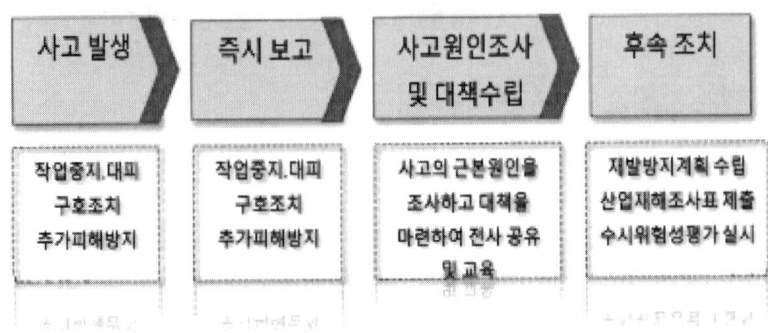

9. 제3자에게 도급, 용역, 위탁 등의 경우 종사자의 안전 및 보건 확보를 위한 조치

1) 주요내용

- 근거 : 「중대재해처벌법」 제4조 및 같은 법 시행령 제4조제9호에 따라 사업주 또는 경영책임자 등은 사업주나 법인 또는 기관이 제3자에게 도급, 용역, 위탁 등을 하는 경우에는 종사자의 안전·보건을 확보하기 위해 기준과 절차를 마련하고 그 기준과 절차에 따라 반기 1회 이상 점검하여야 한다.

- 의의 : 도급인 자신의 안전보건체계 구축 등 안전 및 보건 확보를 위한 노력도 중요하지만, 특히 위험 작업이 많은 수급인의 경우에는 안전조치 및 보건 조치 등에 관한 수급인 자체의 능력과 노력 없이는 산업재해 예방은 쉽지 않다.
  이를 고려하여 수습인 선정 시 기술, 가격 등에 관한 사항뿐만 아니라 안전·보건에 관한 역량이 우수한 업체가 선정될 수 있도록 하려는 것이다.

- 평가기준 및 절차 : 도급, 용역, 위탁 업체 선정 시 안전·보건 확보 수준을 평가하여 적정한 수준에 미달하는 경우에는 계약하지 않도록 하고, 이를 위해

수급인의 안전·보건에 관한 조치 능력과 기술을 평가하는 기준과 절차를 마련하여야 한다. 해당 사업 또는 사업장의 현실을 고려하여 안전·보건 확보에 관한 요소와 기준이 낙찰 과정에서 충분히 반영될 수 있도록 하여야 하며, 이때 안전·보건에 관한 역량 판단을 위한 세부 기준이 단지 형식적 기준에 그치지 않도록 하여야 한다.

평가 기준에는 수급인의 안전·보건 확보를 위한 안전보건관리체계 구축 여부, 안전보건관리규정, 작업절차 준수, 안전보건교육 실시, 위험성평가 참여 등 산업안전보건법에 명시된 기본적인 사항의 준수 여부 등 중대산업재해 발생 여부 등과 함께 도급받은 업무와 관련된 안전조치 및 보건조치를 위한 능력과 기술 역량에 관한 항목도 포함되어야 한다.

평가 기준과 절차는 사업장의 특성, 규모, 개별 업무의 내용과 속성, 장소 등 구체적인 사정 등을 종합적으로 고려하여 자유롭게 마련하되, 안전·보건 역량이 우수한 수급인이 선정될 수 있도록 하여야 한다.

- **관리비용에 관한 기준** : 도급, 용역, 위탁 등을 하는 자가 해당 사업의 특성, 규모 등을 고려하여 도급, 용역, 위탁 등을 받는 자의 안전·보건 관리비용에 관한 기준을 마련하여야 한다.

경영책임자등이 업무를 도급, 용역, 위탁하는 경우에 업무수행 기간을 지나치게 단축하도록 요구하거나 안전·보건을 위한 관리비용을 절감하는 등의 문제로 산업재해가 빈발하는 점에 주목하여야 한다.

안전·보건을 위한 관리비용은 수급인이 사용하는 시설, 설비, 장비 등에 대한 안전조치, 보건조치에 필요한 비용, 종사자의 개인 보호구 등 안전 및 보건 확보를 위한 금액으로 정하되, 총 금액이 아닌 가급적 항목별로 구체적인 기준을 제시하여야 한다. 안전·보건을 위한 관리비용으로 도급계약에 수반되는 금액이며, 도급인이 도급금액 외에 별도로 지급하여야 하는 비용은 아니다.

- **공사기간 또는 건조기간에 관한 기준** : 안전·보건에 관한 별도의 독립적인 기간을 의미하는 것은 아니다. 수급인 종사자의 산업재해 예방을 위해 안전하게 작업할 수 있는 충분한 작업기간을 고려한 계약기간을 의미한다.

    건설업, 조선업의 경우에는 비용절감 등을 목적으로 안전·보건에 관한 사항은 고려하지 않은 채 공사기간, 건조기간을 정하여서는 안 되며, 기상 상황, 중대재해가 발생할 급박한 위험 상황 등 돌발 사태 등을 충분히 고려하여 기간에 관한 기준을 마련하여야 한다. 과도하게 짧은 기간을 제시한 업체는 선정하지 않도록 하는 항목도 기준에 포함하여야 한다.

- **이행 점검** : 사업주나 경영책임자등은 안전·보건 확보를 위해 마련한 기준과 절차에 따라 도급, 용역, 위탁 등의 업체가 선정되는지 여부를 반기 1회 이상 점검하여야 한다.

  마련된 기준과 절차에 따르면 안전 및 보건 확보가 이행되기 어려울 것으로 보이는 업체와는 계약하지 않도록 해야 한다.

  해당 기준을 충족하는 수급인에게 도급, 용역, 위탁을 함은 물론, 해당 관리비용을 집행하고 공사기간, 건조기간을 준수할 수 있도록 실제 계약이 제대로 이행되는지도 점검항목에 포함하여야 한다.

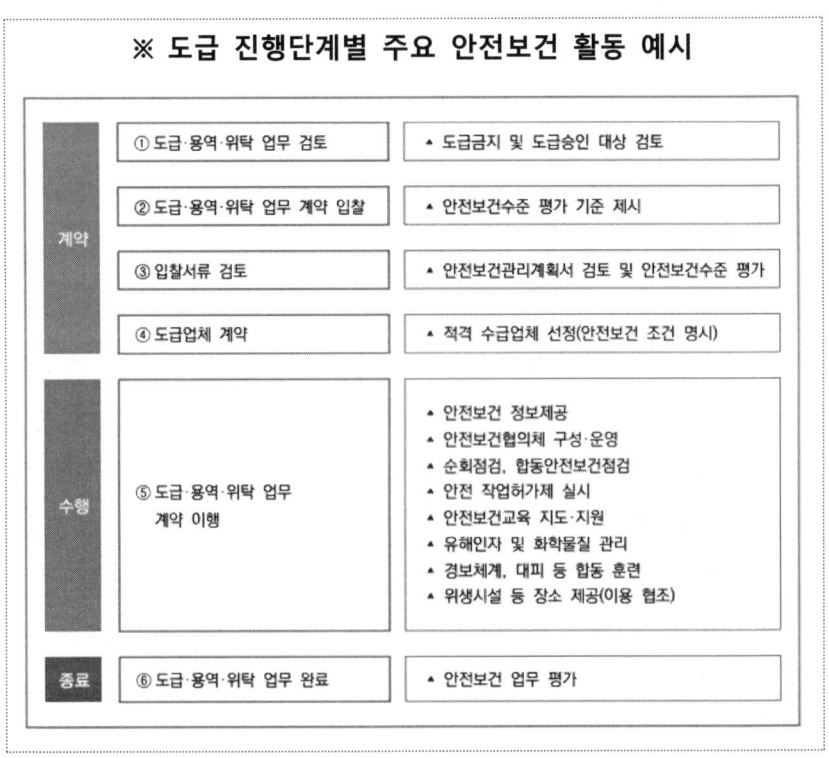

※ 도급 진행단계별 주요 안전보건 활동 예시

2) 자율 체크리스트

점검내용	점검결과
• 도급, 용역, 위탁 등을 받는 자의 산업재해 예방을 위한 조치 능력과 기술에 관한 평기기준·절차가 마련되어 있다.	적정/ 부적정
• 도급, 용역, 위탁 등을 받는 자의 안전·보건을 위한 관리비용에 관한 기준을 마련했다.	적정/ 부적정
• 건설업 및 조선업의 경우 도급, 용역, 위탁 등을 받는 자의 안전·보건을 위한 공사기간 또는 건조기간에 관한 기준을 마련했다.	적정/ 부적정
• 마련된 기준과 절차에 따라 도급, 용역, 위탁 등이 이루어지는지 반기 1회 이상 점검하고 있다.	적정/ 부적정

3) 사업주 또는 경영책임자 조치할 사항

■ 건설업 등

▶ 도급, 용역, 위탁 등을 받는 자의 산업재해 예방을 위한 조치 능력과 기술에 관한 평가기준·절차 마련

▶ 도급, 용역, 위탁 등을 받는 자의 안전·보건을 위한 관리비용에 관한 기준 마련

▶ 건설업 또는 조선업의 경우 도급, 용역, 위탁 등을 받는 자의 안전·보건을 위한 공사기간 또는 건조기간에 관한 기준 마련

▶ 마련된 기준과 절차에 따라 도급, 용역, 위탁 등이 이루어지는지 반기 1회 이상 점검

4) 도급, 용역, 위탁업체 안전보건 수준평가 예시

평가항목	평가기준	배점	점수
I. 안전보건관리체계	도급·용역·위탁받는 자의 안전보건관리체계 구축 수준	40	
- 리더십	- 경영방침, 인력·시설·장비 등 자원 배정의 적정성 등	10	
- 근로자 참여	- 종사자 의견수렴 절차 및 이행 적정성	10	
- 위험요인 파악 및 제거·대체·통제	- 위험요인 파악 및 개선절차 및 수준의 적정성	10	
- 비상조치계획	- 비상조치계획 적정성	10	
II. 도급·용역·위탁 안전보건 관리계획	도급·용역·위탁받는 업무에 대한 안전보건관리계획 적정성	60	
- 위험요인 파악 및 제거·대체·통제	- 도급·용역·위탁받는 업무에 대한 위험요인 파악, 제거·대체 및 통제 방법의 적정성(위험성평가 및 대책의 적정성)	15	
- 자원 배정(시설·장비)	- 도급·용역·위탁받는 업무의 위험요인 관리에 적합한 시설·장비 배정 및 운영 - 사용 기계·기구 및 설비의 종류 및 관리계획	15	
- 자원 배정(인력)	- 도급·용역·위탁받는 업무의 위험요인 관리에 적합한 인력 배정 및 운영 - 도급·용역·위탁받는 업무 관련 실적, 작업자 이력·자격·경력 현황	15	
- 비상조치계획	- 도급·용역·위탁받는 업무 시 발생 가능한 비상상황 및 대처에 적합한 비상조치계획	15	

5) 평가기준 사례

(1) A회사

1. 수급업체 선정 평가표
사업장 명 :

구 분	배점	득 점
합 계	100	
A. 안전보건관리체제	20	
B. 실행수준	40	
C. 운영관리	20	
D. 재해발생 수준	20	

2. 안전수준 평가 주요 항목

A. 안전보건관리체제		배점	득점
1. 일반원칙	원청과 하청사업주의 안전보건방침 부합 여부	5	
2. 계획수립	원청의 산업재해예방 활동에 대한 하청의 이행여부 부합여부	10	
3. 구조 및 책임	이행계획 추진을 위한 구성원의 역할 분담(본사, 현장)	5	
B. 실행수준			
4. 위험성평가	도급작업의 위험성평가 결과에 대한 이해수준 및 자체 유해위험요인 평가수준	5	
5. 안전점검	안전점검 및 모니터링(보호구 착용 확인 포함)	10	
6. 이행확인	안전조치 이행여부 확인(원청의 지도조언에 대한 이행 포함)	10	
7. 교육 및 기록	안전보건교육 계획 및 기록관리	5	
8. 안전작업허가	유해.위험작업에 대한 안전작업 허가 이행 수준	10	
C. 운영관리			
9. 신호 및 연락체계	원청/하청간 신호체계, 연락체계	10	
10. 위험물질 및 설비	유해.위험 물질 및 취급 기계.기구 및 설비의 안전성 확인	5	
11. 비상대책	비상시 대피 및 피해 최소화 대책(고용부, 소방서, 병원 포함)	5	
D. 재해발생 수준			
12. 산업재해 현황	최근 3년간 산업재해 발생 현황	20	

* 도급인 단독의 노력으로는 모든 수급업체에 대한 안전보건관리에 한계가 존재함으로 수준평가에는 수급인의 안전관리 능력까지 포함한 종합평가방식을 고려

3. 평가결과 적용 방법

등급	득점	이행 수준
S	90점 이상	도급작업을 안전하게 수행할 역량이 우수함
A	80점 이상	도급작업을 안전하게 수행할 기본적인 역량을 갖춤
B	70점 이상	도급작업을 수행할 안전보건관리 역량이 보통임
C	60점 이상	도급작업을 수행할 안전보건관리 역량이 부족함
D	60점 미만	도급작업을 수행할 안전보건관리 역량이 매우 낮음

4. 선정기준

- 일반작업 : C등급 이상

- 산업재해발생 위험장소(산업안전보건법 제29조 제3항)중 화재폭발 우려장소 및 밀폐공간 작업장소 제외 : B등급 이상

- 화재폭발 우려장소 및 밀폐공간 작업장소 : A등급 이상

- S등급은 차기 선정시 안전보건수준평가 면제 또는 인센티브 부여

5. 안전보건 확보 조건을 이행하지 않을 경우에 대한 조치 방안 마련

6. 계약서에 안전보건 확보를 위해 필요한 조건 명시(작업절차 준수, 순회점검 및 작업 전 안전미팅 실시, 비상훈련 참여, 안전보건교육 실시 등)

10. 재해 발생 시 재발방지 대책 및 이행 조치

1) 주요내용
- 근거 : 「중대재해처벌법」 제4조제1항제2호에 따라 재해 발생 시 재발방지 대책의 수립과 그 이행에 관한 조치를 하여야 한다.

- 의의 : 사업주 또는 경영책임자등은 재해 발생 시 사업 또는 사업장의 특성 및 규모 등을 고려하여 재발방지 대책을 수립하고 이행될 수 있도록 하여야 한다.
  사업주 또는 경영책임자등은 사업 또는 사업장에 재해가 발생하면 그 원인을 조사함은 물론 그 결과를 분석하고 보고 받아야 한다. 재발 방지를 위한 현장 실무자와 안전·보건에 관한 전문가 등의 의견을 듣는 절차를 거쳐 재해 원인의 근본적 해소를 위한 체계적 대응조치를 마련하여 실행하여야 한다.

- 재해 : 재해는 반드시 중대산업재해만을 의미하는 것은 아니고 경미하더라도 반복되는 산업재해도 포함된다. 사소한 사고도 반복되면 큰 사고로 이어질 위험이 있으므로 경미한 산업재해라 하더라도 그 원인 분석 및 재발방지 조치를 통해 중대산업재해를 초기에 예방할 필요가 있다.

  ※ 하인리히 법칙(1 : 29 : 300의 법칙)

아차사고의 경우에도 종사자에게 해당 내용을 제출하게 하고, 제출된 결과를 확인하여 필요한 조치를 한다면 중대재해를 사전에 예방할 수 있다.

> ※ **아차사고** : 생명·건강에 위해를 초래할 가능성이 있었으나 산업재해로 이어지지 않은 사고를 말하며, 아차 사고가 수차례 발생하였음에도 불구하고 개선되지 않으면 통상 산업재해로 이어질 수 있다.

- **대책의 수립 및 조치** : 사업주 또는 경영책임자등은 재해가 발생한 경우 이를 보고 받을 수 있는 절차를 마련하고 재해발생 사실을 보고받은 경우에는 재해의 재발방지 대책을 수립하도록 지시하거나 이를 제도화하여야 한다.

재발방지 대책 수립은 이미 발생한 재해에 대한 조치를 전제로 하는 것으로서, 발생한 재해에 대한 조사와 결과 분석, 현장 담당자 및 전문가의 의견 수렴 등을 통해 유해·위험요인과 발생 원인을 파악하고, 동일·유사한 재해가 발생하지 않도록 파악된 유해·위험요인별 제거·대체 및 통제 방안을 검토하여 종합적인 개선 대책을 수립하는 일련의 조치를 말한다.

재발방지 대책의 수립 및 그 이행은 재해의 규모·위험도, 사업 또는 사업장의 특성 및 규모 등을 고려하여 이루어져야 하며, 유해·위험요인의 확인·개선·절차 등에 반영될 수 있도록 설계되어야 한다.

사고와 관련한 물적 증거가 손상되거나 소실되지 않도록 조사가 끝날 때까지 현장을 보존하여야 하며, 현장 상황을 사진·영상으로 촬영하여 보존할 수 있으며, 필요시 유사상황 재현, 설비 해체 등을 통해서 근원적 원인을 분석하여야 한다.

경영책임자등은 재발방지 대책을 신속하게 시행하고, 그 결과를 반드시 보고 받으며 재해사례를 전 직원에게 전파하여 다시는 발생하지 않도록 관리하는 것이 중요하며, 수립된 재발방지 대책은 사고가 발생한 현장뿐만 아니라 경영책임자등이 관리하는 모든 사업장에서 이행되도록 공유하는 것이 좋다.

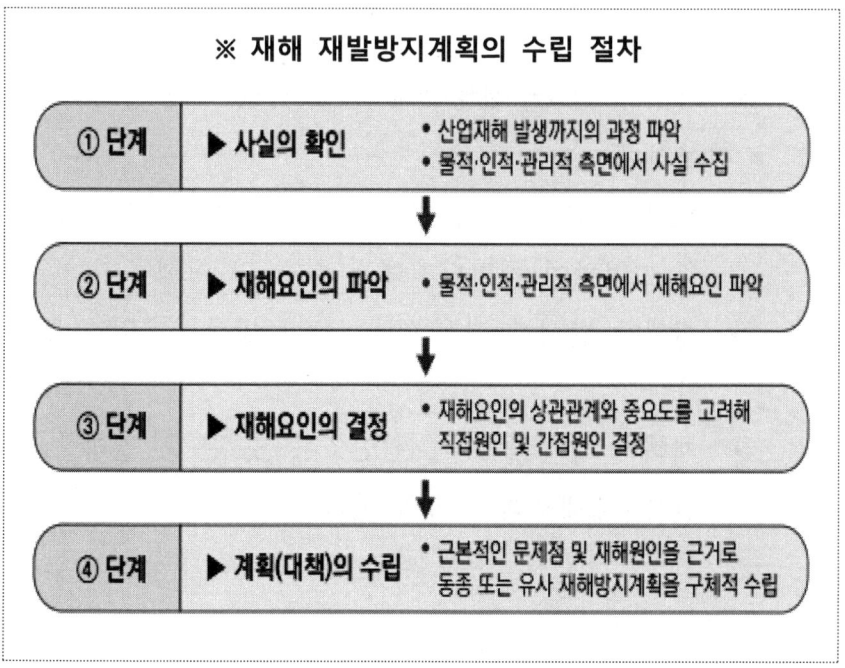

2) 자율 체크리스트

점검내용	점검결과
• 재해가 발생한 경우 보고절차가 마련되어 있다.	적정/ 부적정
• 재해 발생 시 재발방지 대책을 수립하도록 지시했거나 재발방지 대책을 수립하도록 하고 있다.	적정/ 부적정
• 재발방지 대책의 담당자와 이행 시기가 정해져 있고 사업주 등이 이행 여부를 확인하는 절차를 두고 있다.	적정/ 부적정

3) 사업주 또는 경영책임자 조치할 사항

■ 건설업 등

▶ 재해 발생 시 사업 또는 사업장의 특성 및 규모 등을 고려하여 재발방지대책 수립 및 이행

▶ 재해가 발생한 경우 이를 보고 받을 수 있는 절차 마련

▶ 재해가 발생하면 그 원인조사 및 분석, 결과 보고 받음, 재해사례 전직원 전파

4) 작성 예시

■ **재해감소대책 수립 및 실행계획서 작성 서식**

구분	유해·위험요인 파악			관련근거	현재 위험성	감소대책		개선 후 위험성	담당자	조치 요구일	조치 완료일	완료 확인
	분류	원인	유해·위험요인	법규/노출기준		NO	세부내용					
기계적 요인												
전기적 요인												
화학적 요인												
생물학적 요인												
작업특성 요인												
작업환경 요인												

■ 아차사고 발생보고서 양식

작업명		등급	A, B, C
작업내용			
사고내용			
발생원인			
예방대책 (조치내용)			
작업현장 상황 설명 (사진, 도면)			

■ 아차사고 등급 분류 기준

등급	위험정도	조치
A	중대재해가 예상되는 경우	- 중대재해 발생과 동일시 - 조업 중단 후 사고조사 및 재발방지 대책 수립
B	재해(사고)발생 시 중상* 또는 시설물 부분 파손 및 조업의 지장이 예상되는 경우	- 산업재해 발생과 동일시 - 임시 조치 후 안전대책 수립·시행
C	재해(사고)발생 시 경상** 또는 당해 시설물의 파손이 예상되는 경우	- 현 상태로 작업은 가능하나, 교육 시행 등의 안전관리 조치

* 중상 : 하루 이상 입원 및 1개월 이상의 치료를 필요로 하는 부상이나, 신체활동 부분을 상실하거나 그 기능을 영구적으로 상실한 경우

** 경상 : 사망, 중상을 제외한 부상

■ 안전작업 허가서 서식

안전작업 허가서	☐ 화기작업　☐ 중량물작업　☐ 밀폐공간작업 ☐ 고소작업　☐ 굴착작업　☐ 전기작업 ☐ 기타작업		
신청부서 (업체명)		직책		성 명		(서명)
허가요청기간	월　　일　　시부터　　시까지		
작 업 내 용		작 업 장 소	
장 비 투 입		작 업 인 원	

작업별 사전체크 항목 『안전조치 사항』

화기작업		굴착작업		밀폐공간작업	
1. 불꽃, 불티 비산방지조치		1. 전기동력선 안전한 배치조치		1. 산소농도 측정 ＊산소 18~23.5%	
2. 압력조정기 부착 및 작동 상태		2. 제어용 케이블의 안전성 유무		2. 가연성 및 독성가스농도 측정 ＊일산화탄소 30ppm 미만, 황화수소 10ppm 미만	
3. 주위 인화성물질을 제거 상태		3. 지하배관의 파악 여부		3. 2인 1조 작업 유무	
4. 소화기 배치 유무		4. 출입금지 표지판 설치		4. 환기 및 배기장치 조치	
5. 전격방지기의 정상 가동 상태		5. 연락수단의 적정 유무		5. 출입금지 표지판 설치	
6. 작업장소 환기		6. 개인보호구 착용 상태		6. 연락수단의 적정 유무	
7. 가연성 및 독성가스농도 측정		7. 작업장 주변 정리정돈 상태		7. 개인보호구 착용 상태	
8. 화재감시자 배치		8. 작업자의 자격 여부 확인 상태			

고소작업		중량물작업		전기작업	
1. 2인 1조 작업 유무		1. 감독자 지정 및 상주 여부		1. 작업안내 표지판 설치	

2. 추락위험 방호망 구비 상태		2. 로프의 상태(파단 및 소손)		2. 작업자의 자격 여부	
3. 사다리의 파손 여부		3. 작업 신호자 지정 여부		3. 접지 및 방전 여부	
4. 이동식 비계 안전인증 유무		4. 적재물 이동 경로의 적정성		4. 정전작업 전로 개폐 시건	
5. 작업지지대의 작동 상태		5. 관계자 외 출입통제 조치		5. 기타 조치사항	
6. 안전모 착용 상태					
7. 안전대(2m 이상 시)착용 상태					

요청부서(업체) 요청 사항					
작업관리 부 서 (협력업체 포함)	확 인 사 항	☐ 현장 확인 결과 이상없음 ☐ 보완사항 보완 후 작업(내용 :)			
	확 인 자	소 속	직 책	성 명	
					(인)
허가관리 부 서 (안전보건 주관부서 또는 작업주관부서)	허 가 내 용				
	허 가 자	소 속	직 책	성 명	
					(인)

5) 작성 사례
(1) A회사

현장	현장소장	본사	담당	팀장	본부장	사장
	관리책임자					
	안전관리자					

현 장 명		사고장소	업무동 2호기 호이스트 승강발판
사고일시	2021.11.17. 13시 50분경	작업환경	맑음
사고경위 (6하원칙 에 의거 작 성)	2021년 11월 17일 13시 50분경 ○○ 건축 직영 재해자 ○○○ 씨가 싱글호이스트 승강발판 하부에 벽돌로 방수턱 설치작업을 하고, 발판을 원위치 시키기 위해 발판을 놓는 과정에서 철판 뚜껑이 제자리로 끼워지며 왼손 검지 첫째마디가 협착된 사고		

교육사항	신규교육	실시/미실시	정기교육	실시/미실시	사고발생형태	끼임
피해자 인적사항	성 명		주민등록번호		채용일자	2020.11.19
	소 속		직 종	건축직영	일 당	130,000원
	주 소					

목격자 인적사항	성 명		주민등록번호		소 속	
	직 종	직영	주 소			

사후처리	사고 즉시 안전관리자 후송 ○○ ○○ 접합병원 수술 예정	상해/피해정도	왼손검지 첫째마디 절단

비 고	

첨부서류	1. 재해자/목격자/담당감독 진술서 2. 현장/사고재현시진 또는 스케치 3. 재해발생 원인 및 예방 대책

□ 재해자 ☑ 목격자　　진 술 서 □ 담당감독							
인적 사항	본적						
	주소						
	직책	직영	직종	용역	소속	취업일자 (입사일자)	2021. 11.17
	직위		성명				
작업 사항	그날 받은 업무	발판 및 벽돌쌓기					
	그 당시 하던일	업무동 싱글호이스트 1층 발판					
	재해일시	2021.11.17. 13:30분 장소 업무동 호기 호이스트					

사고 경위 (6하원칙의거):

언 제 : 2021년 11월 17일 13시 30분경

어디서 : 업무동 싱글 호이스트 1층 발판

누 가 : 재해자 ○○○ 씨와 같이

무엇을 : 호이스트 발판 밑에 벽돌쌓기를 하던중

어떻게 : 발판 원위치 시키기 위해 발판을 놓는 과정에서

왜 : 벽돌을 다 쌓고 발판을 원위치 하는 과정

상기 사실이 허위가 없음을 진술합니다.

2021년 11월 17일

성 명 :

단, 본인이 ＿＿＿＿＿＿사유로 본 진술서를 자필로 작성할수 없어 본인이 진술하고
＿＿＿＿가 대필하였으니, 본 진술서의 기재내용이 본인의 진술과 일치하였음을 확인합니다.

확인자(재해자) :　　　　　(인)

사고현장 상황도		
일시 : 2021년 11월 17일		사고장소 : 업무동 2호기 호이스트 승강통로
상황도		
사진첨부		
사진첨부		

제 1 장 안전·보건 확보의무 | 165

재해발생 원인 및 예방 대책

재해발생 주요원인		- 같이 작업하던 동료와 중량물을 무리하게 들고 작업하였고, 상호간의 신호가 맞지 않아 손가락이 끼인 사고임.
간접 원인	기술적 원인	- 인력으로 중량물을 무리하게 들고 작업하여 발생
	교육적 원인	- 작업중 긴장감을 갖고 주의하면서 작업을 하지 않음.
	관리적 원인	- 끼임이 발생할 수 있는 위험요인에 대한 위험성평가 부족.
직접 원인	불안전한 행 동	- 위험장소 접근 ( ) - 불안전한 자세,동작 (O) - 안전장치 기능제거 ( ) - 불안전한 상태 방치 ( ) - 복장/보호구 잘못사용 ( ) - 기계,기구의 잘못사용 ( )
	불안전한 상 태	- 물자체의 결함 ( ) - 안전방호장치 자체결함 ( ) - 복장, 보호구의 결함 ( ) - 작업환경의 불량 ( ) - 경계표시의 결함 ( ) - 물의 배치상태 불량 (O)
동종/유사재해 예방대책		- 중량물의 철판 등은 윈치, 레버블록 등으로 체결하여 끼임위험이 없도록 취급하고, 시설물을 해체 및 재설치가 필요한 경우에는 반드시 관리자의 승인을 득하여 작업 진행하도록 하겠음.
담당공구장 의 견		- 시공부위 간섭이 생길 경우 해당시설물을 설치한 자에게 해체를 하도록 유도하고, 동일 작업에 대한 위험성을 위험성 평가에 반영하여 향후 동일한 끼임 재해가 발생하지 않도록 각별한 관리를 하겠습니다. 직급 : 프 로 성명 : : (인)
안전관리자 의 견		- 관리감독자는 예정되지 않은 작업은 사전에 승인을 득하여 작업할 수 있도록 하고, 중량물을 무리해서 드는 경우가 없도록 중량물 취급에 관한 교육을 해당공종에 실시하도록 하겠습니다. 직급 : 프 로 성명 :
관리책임자			현장소장	

11. 관계법령에 따라 시정 명령한 사항 이행 조치

1) 주요내용
- 근거 : 「중대재해처벌법」 제4조제1항제3호에 따라 중앙행정기관·지방자치단체가 관계 법령에 따라 개선, 시정 등을 명한 사항에 대하여는 이행하여야 한다.

- 의의 : 중앙행정기관, 지방자치단체가 종사자의 안전·보건상 유해 또는 위험을 방지하기 위해 관계 법령상의 개선 또는 시정을 명하였다면 이를 이행하여야 한다.

  중앙행정기관, 지방자치단채가 개선 또는 시정을 명한 사항이 이행되지 않은 경우에는 해당 법령에 따른 처분과는 별개로 개선·시정명령의 미이행으로 인해 중대산업재해가 발생하였다면 처벌대상이 될 수 있다.

- 개선·시정을 명한 사항 : 중앙행정기관, 지방자치단체가 관계 법령에 따라 시행한 개선·시정명령을 의미하며 원칙적으로 서면으로 시행되어야 한다.

  개선 또는 시정명령은 행정처분을 의미하고, 행정지도나 권고, 조언은 포함되지 않는다. 중앙행정기관 또는 지방자치단체가 안전 및 보건 확보와 무관한 내용에 대해 개선, 시정 등을 명한 사항도 중대재해처벌법의 규율대상으로 보기 어렵다.

중앙행정기관, 지방자치단체의 행정처분이 이루어진다면, 그 사실은 물론 그 구체적인 내용에 대하여 사업주 또는 경영책임자등에게 보고되는 시스템을 구축하여야 한다.

본사 차원에서 중앙행정기관등이 지적한 사항은 기한 내에 이행하도록 관리하여야 한다.

중앙행정기관등이 지적한 사항에 대하여 이행되지 않아서 중대재해가 발생하는 경우 중대재해처벌법 처벌상이 될 수 있으므로 경영책임자는 이행 여부를 반드시 보고받고 확인해야 한다.

2) 자율 체크리스트

점검내용	점검결과
• 중앙행정기관등의 행정처분 사실과 내용에 대해 사업주 등에게 보고되는 절차를 가지고 있다.	적정/ 부적정
• 사업주 또는 경영책임자는 개선 또는 시정을 명한 사항에 대해 주기적으로 이행 여부를 확인하고 있다.	적정/ 부적정

3) 사업주 또는 경영책임자 조치할 사항
■ 건설업 등
- 중앙행정기관, 지방자치단체가 행정처분이 이루어진다면 사업주 또는 경영책임자등에게 보고되는 시스템 구축
- 중앙행정기관, 지방자치단체가 종사자의 안전·보건상 유해 또는 위험을 방지하기 위해 관계 법령상의 개선 또는 시정을 명한사항 이행

4) 개선·시정명령 사례

(1) A회사

제　목 : 〔○○○ 신청사 건설공사] 2020년 동절기 대비 시공실태 점검 결과 알림에 대한 회신의 件

1. 귀 사의 무궁한 발전을 기원합니다.

2. 관련근거 : 2020년 동절기 대비 시공실태 점검 결과 알림 (○○○ ○○○○ -1454 / 20.12.30.)

2. 위 관련근거에 의거하여 당 현장 2020년 동절기 대비 시공실태 점검 결과에 따른 지적사항에 대한 조치결과를 붙임과 같이 제출하오니 검토 후 업무협조 바랍니다.

■ 붙 임 : 지적사항 조치결과 (○○○ 신청사 현장) --------------- 1부. 끝.

○○○○ 　신 청 사 　건 설 공 사

현 장 대 리 인 　 ○ ○ ○

점검 지적사항 조치결과

1. 사업 개요

공 사 명				
확 인 자	건설사업관리기술자 :		성명 :	(인 또는 서명)
	건설기술자 :		성명 :	(인 또는 서명)

2. 조치 결과

연번	지적내용	조치결과
1	○ 워킹타워의 지반에 대한 지지력 보완 필요 (워킹타워 지반 일부 물길형성으로 전단 파괴)	○ 워킹타워 비계다리 하부 지반 보완 (지반다짐 철저)
2	○ 중장비 차량 아웃트리거를 지지하는 지반의 수평 확인 및 지지력 확보 필요	○ 중장비 차량 아웃트리거를 지지하는 지반의 수평 확인 및 지지력 확보
3	○ 공사구간 내 차량 안전시설물 설치 필요	○ 작업자 이동통로 별도 마련 및 안내표지판 설치
4	○ 공종별 신호수 미배치	○ 공종별 신호수 배치
5	○ 분전반 관리 철저요청	○ 분전반에 설치위치, 용량표기, 시건장치 등 보완
6	○ 터파기 공정(기간) 확인 후 표면 보호시설(방수포 등) 설치 필요	○ 터파기 구간 사면보호 천막 설치
7	○ 강재집수정 설치와 관련하여 중량물 취급계획서 수립 보완요청	○ 강재집수정 설치와 관련하여 중량물 취급계획서 수립 보완 실시
8	○ 비상연락망에 행복청 사업관리총괄과 추가요청	○ 비상연락망에 행복청 사업관리총괄과 추가실시
9	○『계측관리 제22회 주간 보고서』 19쪽의 계측결과 보완 필요 - 지중경사계 번호 수정 및 관리 기준 (2mm) 초과 여부 확인 필요	○『계측관리 제22회 주간 보고서』 19쪽의 계측결과 보완 - 지중경사계 번호 수정 (IN-3 → IN14) - 변위속도 1차 관리기준인 2mm를 초과하였으나 누적변화량 관리기준인 11mm내 변위량이 발생하므로 안정적임

조치결과 사진대지

지적내용	○ 워킹타워의 지반에 대한 지지력 보완 필요 (워킹타워 지반 일부 물길형성으로 전단 파괴)	날짜	2020.11.10.
사진설명	○ 워킹타워 비계다리 하부 지반불안		

사진첨부

조치결과	○ 워킹타워 지반 지지력 확보	날짜	2020.11.10.
사진설명	○ 워킹타워 비계다리 하부 지반 보완 (지반다짐 철저)		

사진첨부

12. 안전·보건 관계 법령에 따른 의무이행 여부에 대한 점검 및 조치

1) 주요내용

- 근거 : 「중대재해처벌법」 제4조 및 같은 법 시행령 제5조제2항제1호 및 제2호에 따라 안전·보건 관계 법령에 따른 의무를 이행했는지를 반기 1회 이상 점검하고 점검결과 의무가 이행되지 않은 사실이 확인되는 경우에는 인력을 배치하거나 예산을 추가 편성·집행하도록 하는 등 해당 의무 이행에 필요한 조치를 하여야 한다.

- 의의 : 경영책임자등은 사업장 내의 모든 안전조치가 제대로 작동되는지를 실시간으로 파악하기는 어렵다. 따라서 주기적인 점검과 그 결과를 보고받는 관리상의 의무를 경영책임자등에게 부과하고 있다.

  경영책임자등은 인력과 예산 등에 관한 결정 권한을 가지므로 인력과 예산의 어려움으로 법령상의 의무가 이행되지 못하는 일이 발생하지 않도록 관리해야 한다.

- 안전·보건 관계 법령 : 해당 사업 또는 사업장에 적용되는 것으로서 종사자의 안전·보건을 확보하는데

관련되는 법령을 말한다.

종사자의 안전·보건을 확보하는데 그 목적을 두고 있는 산업안전보건법령을 중심으로 고려하되, 이에 한정되는 것은 아니며 종사자의 안전·보건에 관계되는 법령은 모두 포함된다.

■ **의무이행 점검** : 「중대재해처벌법」 제4조제1항에 따른 안전보건체계 구축 및 이행 의무의 하나로서 같은 법 시행령 제4조제3호에 따른 유해·위험요인에 대한 확인·점검은 자율적으로 사업장 내 유해·위험요인을 확인하는 것이다.

법령상 의무를 이행하고 있는지 반기 1회 이상 점검하여야 한다. 만약 사업 또는 사업장 내 자체 점검 역량이 부족하여 그 점검의 실효성을 기대하기 어렵다고 판단되면 부실점검이 발생하지 않도록 중앙행정기관의 장이 지정하는 전문기관에 위탁하여 점검하는 것도 가능하다.

안전·보건 관계 법령에 따른 의무 이행 점검은 해당 사업 또는 사업장에 적용되는 개별적인 안전·보건 관계 법령상의 의무를 이행하고 있는지를 확인·점검하는 것으로 양자는 의무의 법적 성격과 내용 및 대상이 상이하다.

사업주 또는 경영책임자등의 의무는 안전·보건 관계 법령상 의무이행에 관한 점검이 실질적으로 이루어지도록 하고 그에 따른 필요한 조치를 하도록 하는 것으로 전문가나 현장실무자 등의 의견을 청취하는 절차 등 다양한 방식으로 부실 점검이 발생하지 않도록 점검 방식의 적정성 등을 살펴보아야 한다.

안전·보건 관계 법령에 따라 중앙행정기관의 장이 지정한 기관은 산업안전보건법의 경우 안전관리전문기관, 보건관리전문기관, 안전보건진단기관, 건설재해예방전문지도기관 등이 있다. 안전·보건 관계 법령에 따른 의무를 이행했는지에 대한 점검의 위탁은 산업안전보건법에 따른 안전 및 보건업무의 위탁과는 구분되므로, 산업안전보건법에서 안전·보건업무 위탁이 허용되지 않는 상시 근로자 300명 이상의 사업장도 점검의 위탁은 가능하다.

의무이행 여부 점검이 과도한 문서작업 위주로 행해지거나 개선이 쉬운 사항들 위주로 이루어지지 않아야 한다. 점검은 현장에서 법령이 준수되고 있는지, 작업계획서대로 하는지를 확인하는 것이므로 문서상으로만 점검이 이루어져서는 안 된다.

※ 중대재해처벌법에 따라 반기 1회 이상 점검해야 하는 안전보건 활동
- 목표와 경영방침에 따른 이행(영 제4조 제1호)
- 유해·위험요인을 확인하여 개선하는 업무절차에 따른 유해·위험요인 발굴 및 개선(영 제4조 제3호)
- 안전보건관계자등의 충실한 업무 수행(영 제4조 제5호)

- 종사자 의견 수렴 절차에 따라 개선방안을 마련 및 이행 (영 제4조 제7호)
- 중대산업재해가 발생하거나 발생할 급박한 위험이 있을 경우를 대비한 매뉴얼에 따른 조치(영 제4조 제8호)
- 도급·용역·위탁 시 수급인의 산업재해 예방 조치 능력에 관한 평가기준, 안전보건을 위한 적정 관리비용 기준, 적정기간 기준에 따른 도급·용역·위탁 관리위험설비 자동화 등 (영 제4조 제9호)
- 안전보건관계법령에 따른 의무 이행(영 제5조 제2항 제1호)
- 유해·위험한 작업에 관한 안전·보건에 관한 교육 실시(영 제5조 제2항제3호)

■ **인력배치, 예산 추가 편성·집행 등 조치** : 사업주 또는 경영책임자등은 점검 과정을 통해 안전·보건 관계 법령에 따른 의무가 이행되지 않은 사실이 확인된 경우에는 인력의 배치, 예산의 추가 편성·집행 등 안전·보건 관계 법령에 따른 의무 이행에 필요한 조치를 하여야 한다. 인력과 예산의 어려움으로 법령상의 의무조차 실효적으로 이행되지 못하는 일이 발생하지 않도록 해야 할 관리상 조치 의무가 경영책임자등에게 부과된 것이다.

위탁하여 점검하는 내용에 「중대재해처벌법 시행령」 제5조제2항제3호의 안전·보건에 관한 교육 실시에 관한 내용이 포함되더라도 제3호에 대해서는 위탁하여 점검하는 경우를 포함하지 않으므로 사업 또는 사업장 내에서 점검이 이루어져야 한다.

알쏭달쏭 Q/A	**1.9 안전·보건 관계 법령은 어떠한 법령을 의미하는 것인가요?**

▶ 종사자의 안전·보건을 확보하는 데 관련되는 법령으로서 통상적으로 산업안전보건법령을 의미한다. 그 밖에 법률의 목적이 근로자의 안전·보건을 확보하기 위한 것이거나(예 : 광산안전법, 선원법, 연구실안전법 등), 개별 규정에서 직접적으로 근로자 등 종사자의 안전·보건을 확보하기 위한 내용을 담고 있는 법률(예 : 폐기물관리법 등)을 포함합니다.

2) 자율 체크리스트

점검내용	점검결과
• 법령에 따른 의무를 이행했는지 반기 1회 이상 점검(위탁하여 점검하는 경우를 포함)하고 직접 점검하지 않는 경우 점검이 끝난 후 지체 없이 점검결과를 보고 받고 있다.	적정/ 부적정
• 의무가 이행되지 않은 사실이 확인되면 인력을 배치하거나 예산을 추가로 편성·집행하도록 하는 등 해당 의무이행에 필요한 조치를 하고 있다.	적정/ 부적정

3) 사업주 또는 경영책임자 조치할 사항

■ 건설업 등

▸ 인력과 예산의 어려움으로 법령상 의무가 이행되지 못하는 일이 발생하지 않도록 관리

▸ 안전·보건 관계 법령에 따른 의무이행 여부를 반기 1회 이상 점검 또는 위탁 점검, 직접 점검하지 않은 경우에는 점검이 끝난 후 지체 없이 결과를 보고 받음

▸ 법령에 따른 의무가 이행되지 않은 사실이 확인된 경우에는 인력의 배치, 예산의 추가 편성·집행 등 안전·보건 관계 법령에 따른 의무이행에 필요한 조치

4) 자체점검 시 활용 점검표 예시

안전보건 의무 이행점검 및 평가·개선 점검표

◉ 기관명 :   점검일자 : 20   년   월   일

1. 목표와 경영방침에 따른 이행

항 목	점검결과			개선사항
	양호	보통	불량	
● 안전보건 계획에 따른 이행 　(실시시기, 지표 등에 따라 평가)				
● 경영방침에 따른 이행				

2. 안전보건총괄(관리)책임자 등 안전보건업무 충실 이행

항 목	점검결과			개선사항
	양호	보통	불량	
● 안전보건총괄책임자(도급 등 업무 시) 　- 도급 등 업무의 위험성평가 실시 　- 산업재해 예방 조치 등 도급사업 업무 총괄				
● 안전보건관리책임자 　- 산업재해 예방계획의 수립 　- 안전보건관리규정 작성 및 변경 　- 안전보건교육 　- 산업재해 예방계획의 수립				
● 관리감독자 　- 지휘·감독하는 작업과 관련된 기계·기구 또는 설비의 　 안전·보건 점검 및 이상유무 확인 　- 소속된 근로자의 작업복·보호구 및 방호장치 점검 　- 작업장 정리·정돈 등				
● 안전관리자(위탁 시 안전관리 전문기관) 　- 사업장 순회점검, 지도 및 조치 건의, 적격품 선정 　- 산업재해 발생 원인조사·분석, 재발방지 보좌, 지도·조언 등				
● 보건관리자 　- 사업장 순회점검, 지도 및 조치 건의, 적격품 선정 　- 물질안전보건자료 게시·비치 보좌 및 지도·조언 　- 산업재해 발생 원인조사·분석, 재발방지 보좌, 지도·조언 등				
● 산업보건의 　- 건강진단 결과 검토 및 결과에 따른 작업 배치, 전환 등 　 근로자의 건강보호 조치 　- 근로자 건강장해 원인 조사와 재발 방지를 위한 의학적 조치 등				

3. 유해위험요인 확인 및 개선(위험성평가)

항목	점검결과			개선사항
	양호	보통	불량	
● 내부 절차에 따른 실시 　- 위험성평가 방법 　- 위험성평가 참여자 　- 위험성평가 실시 결과 공지 　- 기타				
● 실시 시기 및 대상의 적정성 　- 정기평가: 매년(계획에 따른 시기), 전체 작업 대상 　- 수시평가: 아래 계획 실행 전 　〈수시평가 대상〉 　1. 사업장 건설물의 설치·이전·변경 또는 해체 　2. 기계·기구, 설비, 원재료 등의 신규 도입 또는 변경 　3. 건설물, 기계·기구, 설비 등의 정비 또는 보수 　4. 작업방법 또는 작업절차의 신규 도입 또는 변경 　5. 중대산업사고 또는 산업재해(휴업 이상의 요양을 요하는 경우에 한정한다) 발생 　6. 그 밖에 본부 전담조직에서 필요하다고 판단한 경우				
● 실시 방법의 적정성 　- 안전보건관리책임자의 실시 총괄·관리 　- 안전관리자, 보건관리자의 지도·조언·보좌 　- 관리감독자의 유해·위험요인 파악 　- 위험성평가 실시를 위한 교육 등				
● 유해·위험요인 파악의 적정성 　- 현장 점검을 통해 위험성평가에 유해·위험요인 파악 누락이 없는지 확인				
● 유해·위험요인 개선 수준 　- 현장 점검을 통해 적정 개선여부 확인				

4. 종사자 참여 활성화

항목	점검결과			개선사항
	양호	보통	불량	
● 내부 절차 운영 기반 　- 익명 신고함 설치 상태 　- 내부 직원에 참여절차 안내				
● 제안제도 운영 　- 종사자(도급·용역·위탁 포함)에 안내 　- 주기적 제안내용 확인 및 적절한 조치				
● 아차사고 발굴 제도 운영 　- 종사자(도급·용역·위탁 포함)에 안내 　- 주기적 내용 확인 및 적절한 조치				

5. 도급, 용역, 위탁 시 안전보건관리

항목	점검결과			개선사항
	양호	보통	불량	
● 수행한 도급·용역·위탁 업무 기록·관리				
● 도급·용역·위탁 계약 단계에서 수급인 선정, 적정기간 기준 준수				

● 도급·용역·위탁 수행 단계에서 안전보건활동
  - 사전에 유해·위험물질의 유해성·위험성, 유해·위험작업에 대한
    주의사항 등 안전보건에 관한 정보 제공
  - 협의체 구성·운영, 순회점검
  - 적정기간 보장 등				

● 도급·용역·위탁 완료 후 안전보건수준 평가(평가결과 환류)				

6. 재해발생 및 급박한 위험대비 신속 대응

항목	점검결과			개선사항
	양호	보통	불량	
● 대응조직 구성 및 업무분장 여부				
● 비상조치계획에 급박한 위험, 중대재해 및 비상상황 발생별로 구분하여 수립				
● 비상조치계획에 소속기관 근무환경 상 위험성이 높은 위험요인에 대해 재해 발생 시나리오 작성				
● 비상조치계획에는 필요한 인력 및 시설·장비(인적·물적 자원)가 적절히 포함				
● 비상조치계획에 작업중지·근로자 대피·위험요인 제거 등 대응조치, 재해자 구호조치, 추가피해 방지를 위한 조치가 포함				
● 비상조치계획에 상황보고 및 전파체계, 조치별 대응조직 및 담당자의 역할이 적절히 구분				
● 비상 시 즉각 탈출할 수 있는 비상구가 충분히 마련되었고, 즉각 알아볼 수 있는 형태로 표시				
● 비상상황에 대비한 병원, 소방서 등 유관기관과의 협조체계가 마련				
● 훈련과정에서 발견된 문제점을 검토 및 개선				

7. 안전보건 교육 실시

항목	점검결과			개선사항
	양호	보통	불량	
● 산업안전보건법에 따른 안전보건교육				
● 유해·위험한 작업에 관한 안전·보건에 관한 교육 실시				
● 안전보건관리체계(내부 절차·기준·매뉴얼) 교육				

8. 산업안전보건법 등 안전보건관계법령 이행

항목		점검결과			개선사항
		양호	보통	불량	
안전보건 관리체제	● 안전보건총괄(관리), 안전·보건관리자, 산업보건의 선임 및 위촉				
	● 관리감독자 안전보건 업무 부여 등				
	● 산업안전보건위원회 구성 및 운영				
	● 안전보건관리규정 제정 및 변경				
산업재해발생 보고 및 기록관리, 법령 고지 등	● 산업재해조사표 제출 여부 (산재발생일로부터 한 달 이내 제출)				
	● 법령 요지 및 안전보건관리규정 게시				
	● 안전보건표지 설치 및 부착				
도급에 따른 산재예방 조치	● 도급인 및 수급인 안전보건협의체 구성 및 운영 (매월 1회 이상 정적으로 회의 개최)				
	● 도급 작업장 순회점검(1회/주)				
	● 작업장 합동 안전·보건점검(1회/분기) ※도급인 및 관계수급인 사업주와 근로자 각 1명				
	● 안전보건교육 지원 및 실시 확인, 수급업체 위생시설 설치 또는 이용				
건설업 등 산업재해 예방	● 건설공사 발주자의 산업재해 예방 조치 (기본안전보건대장 수립 및 이행 확인) ※50억원 이상				
	● 안전보건조정자 선임 ※2개 이상의 건설공사를 도급한 발주자(50억원 이상)				
유해위험 기계 등에 대한 방호조치	● 안전인증대상 기계 등 사용 시 안전인증 취득 여부 ※크레인, 고소작업대, 압력용기, 보호구(안전화, 안전모 등) 등				
	● 유해위험기계 등 안전검사 실시 ※크레인, 압력용기 등				
유해위험 물질에 대한 조치	● 물질안전보건자료 게시·경고표지 부착·교육 실시				
	● 석면함유 물질 자재에 대한 석면조사				
	● 석면함유 물질 자재 해체제거작업 준수 (석면해체제거업자 도급 여부)				
근로자 보건관리	● 작업환경 측정 및 일반·특수건강진단				

항목	점검결과			개선사항
	양호	보통	불량	
안전보건 기준 ● 작업장 및 통로 전도방지 조치 여부 ※ 미끄럼방지 조치(논슬림테이프 부착) 설치, 바닥 청결, 조도확보 등				
● 안전한 사다리 통로 확보 ※ 견고한 구조, 전도방지 조치, 사다리의 상단은 걸쳐놓은 지점으로부터 60cm이상 등				
● 추락위험장소 안전난간 및 덮개 등 설치 여부				
● 높은 곳 작업 시 작업발판 설치 여부 - 비계 설치 후 작업발판 조립, 이동식비계, 말비계 사용				
● 승강기 보수 작업 등 ※ 방호장치(출입문 인터록 장치 등) 정상 작동, 작업 시 전원 차단 후 잠금장치/포지판 부착 후 작업				
● 밀폐공간 위험작업 보건관리 ※ 사전허가(프로그램 작성), 출입금지 표지판, 농도 측정, 환기, 송기마스크 등 개인보호구 착용, 감시 인배치 등				
● 외벽 청소업무 ※ 작업전 로프, 고리, 달비계 등 체결상태 확인, 로프 외 구명줄 설치 후 안전대 체결, 로프 및 구명줄				
● 추락 등 위험작업 근로장에게 안전모, 안전대 등 보호구 지급 및 착용 여부				
● 위험기계 등의 전동기 회전체 등에 덮개 설치 여부				
● 전동기 콘센트 등 접지 연결 여부				
기타 안전보건관련 사항				
기타 안전보건 관계법령				

점검일자	· · · ·	점검자	

※ 반기1회 이상 점검

5) 점검 사례
 (1) A기관 점검 사례

1. 안전보건관리체계의 구축 및 이행(법 제4조제1항제1호)

<1> 안전 및 보건에 관한 목표와 경영방침 설정(영 제4조제1호)

핵심 요구사항	사업장의 특성과 조직 규모에 적합한 안전·보건에 관한 목표와 경영방침 수립
점검결과	[준수] • '22년 안전보건 목표 설정: 사망재해 0명, 부상재해 20% 감축 • 기관장 안전보건경영방침 수립 및 게시('21.5.18)
보완 또는 향후 계획	• 매분기 안전보건경영방침 및 안전보건 목표 이행 점검 • 필요시 환경변화에 따라 목표 등 수정·보완

<2> 안전·보건 업무를 총괄·관리하는 전담 조직 설치(영 제4조제2호)

핵심 요구사항	상시 근로자 수가 500명 이상인 사업 또는 사업장의 경우 안전·보건에 관한 총괄·관리하는 전담 조직을 둘 것
점검결과	[준수] 본부 안전관리팀 설치
보완 또는 향후 계획	0000부 정원증원 시 지역본부 안전지원조직 설치 추진

<3> 사업장의 유해·위험요인의 확인·개선 점검(영 제4조제3호)

핵심 요구사항	·사업장 특성에 맞는 유해·위험요인 확인·개선 업무절차를 마련하고, 반기 1회 실시 여부 점검 및 필요한 조치 실시 ·「산업안전보건법」에 따른 위험성평가 실시한 경우 갈음
점검결과	[준수] 매년 00 全 업무의 위험성평가 및 이행 점검 실시
보완 또는 향후 계획	위험성평가 실시 이후 매분기별 개선대책 이행 점검

<4> 재해예방에 필요한 예산 편성 및 용도에 맞게 집행(영 제4조제4호)

핵심 요구사항	재해 예방을 위해 필요한 안전·보건에 관한 인력, 시설 및 장비 구비를 위해 필요한 예산 편성, 용도에 맞게 집행
점검결과	[준수] ·매년 산업재해 예방에 필요한 전담부서 예산 편성·집행 ·필요한 경우 시설개선 등을 위한 예산 추가 편성·집행
보완 또는 향후 계획	현장 안전점검 등을 활용하여 안전용품, 시설개선 등에 필요한 예산 조사 및 반영(수시)

<5> 안전보건관리책임자등의 충실한 업무 수행을 위한 조치(영 제4조제5호)

핵심 요구사항	·안전보건관리책임자등에게 해당 업무 수행에 필요한 권한과 예산 부여 ·안전보건관리책임자등의 업무 수행 평가기준 마련 및 반기 1회 평가·관리
점검결과	[일부 미흡] ·안전보건관리책임자(지역사무소장) 및 관리감독자(실·팀장)의 권한 부여 → 「안전보건관리규정」 및 KOSHA-MS 문서 ·지역사무소, 승강기안전기술원 안전보건 예산 편성(소모품비 등) ·업무 수행 평가 관련 사항 미흡
보완 또는 향후 계획	·평가기준 마련('22년 1분기) → 평가 실시('22.6월, 12월) ·안전보건관리책임자등의 원활한 업무 수행에 필요한 절차서 마련·배포('22년 1분기)

<6> 안전관리자, 보건관리자, 안전보건담당자 및 산업보건의 배치(영 제4조제6호)

핵심 요구사항	·「산업안전보건법」에 따른 안전관리자, 보건관리자, 안전보건담당자 및 산업보건의를 적정 인원 수 배치
점검결과	[적용대상 아님]

<7> 종사자 의견 청취 절차 마련, 의견에 따른 개선방안 등 이행 여부 점검(영 제4조제7호)

핵심 요구사항	·안전·보건에 관한 사항에 대해 종사자 의견을 듣는 절차 마련, 필요한 개선방안 수립 및 이행 여부 점검(반기 1회) ·산업안전보건위원회에서 관련 사항 논의, 심의·의결 시 종사자 의견을 들은 것으로 갈음
점검결과	[준수] ·다양한 의견 청취 절차 운영: 본부 산업안전보건위원회, 경영진 현장 안전점검, 내부제안제도 등 ·필요한 요구사항, 의견은 안전보건 개선과제로 선정하여 매분기 이행 점검
보완 또는 향후 계획	·지역본부 산업안전보건위원회 설치·운영 추진('22년 1분기) ·지역본부 위원회에서 결정이 되지 않는 사항은 본부 위원회에 상정하여 최종 검토

<8> 중대산업재해 발생 및 발생할 급박한 위험에 대비한 매뉴얼 마련 및 점검(영 제4조제8호)

핵심
요구사항
	•중대산업재해가 발생하거나 발생할 급박한 우려가 있을 경우를 대비한 매뉴얼* 마련
	  * ❶작업중지, 근로자 대피, 위험요인 제거 등 대응조치,
	    ❷중대산업재해를 입은 사람에 대한 구호조치,
	    ❸추가 피해방지를 위한 조치
	•매뉴얼의 현장 준수 여부 점검(반기 1회)

점검결과	**[일부 미흡]** •위험상황 발생에 따른 직원 작업(업무)중지 절차서 마련·시행, 심폐소생술 등 응급구호조치 요령 제공 등 •**관련 절차서의 현장 준수 여부 점검 미흡**
보완 또는 향후 계획	•절차서 현장 준수 여부의 실제 점검이 곤란하므로 대응 시나리오에 따른 훈련으로 점검('22년 1분기, 3분기) •추가 필요한 절차서 조사 및 마련, 심폐소생술 등 응급구호조치 교육 실시(온-오프 교육 병행)

<9> 도급, 용역, 위탁 등의 경우 종사자의 안전 및 보건 확보를 위한 조치(영 제4조제9호)

핵심 요구사항	·제3자에게 업무의 도급, 용역, 위탁 등을 하는 경우 종사자의 안전·보건 확보를 위한 기준과 절차 마련·시행 ·안전·보건 확보를 위한 기준·절차 이행 여부 점검(반기 1회)
점검결과	[준수] ·공단 시설물에서 행하는 도급사업에 대한 안전보건관리 지침서 제정 및 운영(적격 수급업체 선정 등) ·모든 도급사업의 수급업체에게 공단 안전관리 요청사항에 대한 이행확인서 징구
보완 또는 향후 계획	·도급사업 사전·사후 안전관리 체크리스트 개발·활용 ·현재 공단 도급사업 안전보건조치 사항의 적절성에 대한 외부전문가 의견 청취('22년 1분기)

2. 재해 발생 시 재발방지 대책의 수립 및 그 이행에 관한 조치(법 제4조제1항제2호)

핵심 요구사항	재해재발방지를 위한 원인의 근본적 해소를 위한 체계적 대응조치 마련·실행
점검결과	[준수] ·모든 산업재해에 대해 위험성평가를 통해 재발방지대책 수립 및 전파
보완 또는 향후 계획	연간 산업재해 발생현황 분석자료 발간 및 배포

3. 중앙행정기관 및 지방자치단체 개선·시정 명령 사항 이행(법 제4조제1항제3호)

핵심 요구사항	중앙행정기관, 지방자치단체가 종사자의 안전·보건상 유해 또는 위험 방지를 위해 명령한 개선·시정 사항 이행
점검결과	[발생 시 100% 이행]

4. 안전·보건 관계 법령에 따른 의무이행에 필요한 관리상의 조치(법 제4조제1항제4호, 영 제5조제2항제1호~제4호)

핵심 요구사항	❶관계 법령에 따른 의무 이행 점검(반기 1회) ❷이행 점검결과 미이행 사실에 대한 필요한 조치(인력 배치, 예산 추가 편성 등) ❸유해·위험 작업에 관한 안전보건교육 실시 여부 점검(반기 1회) ❹안전보건교육 실시 여부 점검결과 미실시 사실에 대한 이행의 지시, 예산 확보 등 필요한 조치
점검결과	[준수] ❶KOSHA MS 매뉴얼·규정에 따라 의무 이행 점검 실시(산업안전보건법 등 7개 관계 법령) ❷미이행 사실 발견 시 임원 보고 및 필요 조치 실시 ❸0000기술원 크레인 및 지게차 사용 직원에 대한 유해·위험 작업 안전보건교육 실시 ❹KOSHA-MS 매뉴얼·규정에 따라 매분기 안전보건교육 실시 여부 점검
보완 또는 향후 계획	·자체 실시한 관계 법령 의무 이행 점검결과의 적정성에 대한 외부전문가 의견 수렴('22년 1분기) ·유해·위험 작업 안전보건교육 등 안전보건교육 실시 여부 점검 강화방안 마련·시행('22.1월)

(2) B회사 및 발주자 점검 사례

1. 중대산업재해 예방을 위한 의무이행 체크리스트 (시공사)

○ 00청/000000공사(공사명)/(주)00000(감리)/(주)00000(시공)/00,000백만원(총공사비)

구분	『사업주와 경영책임자등의 안전 및 보건 확보의무 체크리스트』	점검결과
1	사업 또는 사업장의 안전·보건에 관한 목표설정	
2	안전·보건에 관한 업무 총괄·관리하는 전담조직 둘 것 * 대상 : 「산업안전보건법」제17조~제19조, 제22조에 따라 두어야 하는 인력이 총3명 이상, 「건설산업기본법」제23조에 따라 평가·공시된 시공능력순위가 상위 200인 이내	
3	유해·위험요인 확인, 개선의 점검(반기 1회 이상), 점검 후 조치 ①산안법 제36조에 따른 위험성평가 계획 및 절차 수립 ②위험성평가 실시·점검계획 수립 및 실시·보고(반기1회 이상)	
4	재해예방 예산 편성·집행('건설업 산업안전보건관리비 계상 및 사용기준(고용노동부)') ①인력, 시설, 장비의 구비를 위해 필요한 예산 ②위험성평가 결과에 따른 유해·위험요인의 개선을 위해 필요한 예산 ③그 밖의 안전보건관리체계 구축 등을 위한 고용노동부 고시 사항	
5	안전보건관리책임자등의 업무 권한과 예산 및 업무평가 기준마련 및 평가 ①안전보건관리책임자등에게 업무 수행에 필요한 권한·예산 부여 조치 ②안전보건관리책임자등의 업무수행 충실도를 평가하는 기준 마련 ③평가계획 수립 및 평가·관리(반기 1회 이상)	
6	안전관리자·보건관리자·안전보건관리담당자·산업보건의 정해진 수 이상 배치	
7	종사자 의견청취 절차와 개선방안 마련 및 이행 점검 후 조치 ①산업안전보건법 제24조에 따른 산업안전보건위원회 및 같은법 제64조·제75조에 따른 안전 및 보건에 관한 협의체를 구성	

	②안전보건논의·심의·의결 등 수행	
	③이행현황 점검계획 수립 및 점검(반기 1회 이상)	
8	중대산업재해 대비 조치매뉴얼 마련, 반기1회 이상 점검	
	①대응조치, 구호조치, 추가 피해방지 등을 포함한 중대산업재해 조치 매뉴얼 마련	
	②점검계획 수립 및 점검(반기 1회 이상)	
9	제3자에게 도급·용역·위탁 하는 경우, 기준절차 마련하고 이루어지는지 점검	
	①산업재해 예방을 위한 조치 및 기술 평가·안전관리비용·공사기간에 관한 기준과 절차를 포함한 지침 등을 마련	
	②점검계획 수립 및 점검(반기1회 이상)	
10	재해 발생 시 재발방지 대책의 수립 및 그 이행에 관한 조치	
11	중앙행정기관·지자체가 관계법령에 따라 개선·시정 등 명한 사항 이행 조치	
12	안전·보건 관계 법령에 따른 의무이행 점검	
	①의무이행 점검계획 수립 및 점검(반기 1회 이상)	
	②점검결과 의무가 이행되지 않은 경우 인력 배치나 예산 편성·집행 등 조치	
13	안전·보건 관계 법령에 따른 안전·보건에 관한 교육이 실시되었는지 점검	
	①산업안전보건법 제29조제3항에 따른 유해·위험작업에 대한 안전보건교육(특별교육) 실시여부에 대한 점검계획 수립 및 점검(반기1회 이상)	
	②실시되지 않은 교육에 대해 지체없이 이행지시, 예산확보 등 교육 실시에 필요한 조치	

○ **도급자·감리자**
- 관리 현황 발주자에 매달 제출

○ **발주자**
- 관리현황 사업주관부서에 매달 제출

2. 중대산업재해 예방을 위한 의무이행 체크리스트 (발주자)

○ OO청/OOOOOO공사(공사명)/(주)OOOOO(감리)/(주)OOOOO(시공)/OO,OOO백만원(총공사비)

항목	『사업주와 경영책임자등의 안전 및 보건 확보의무 체크리스트』	점검결과
1	사업 또는 사업장의 안전·보건에 관한 목표설정	이행
2	안전·보건에 관한 업무 총괄·관리하는 전담조직 둘 것 * 대상 : 「산업안전보건법」제17조~제19조, 제22조에 따라 두어야 하는 인력이 총3명 이상, 「건설산업기본법」제23조에 따라 평가·공시된 시공능력순위가 상위 200인 이내	확인
3	유해·위험요인 확인, 개선의 점검(반기 1회 이상), 점검 후 조치	
	①산안법 제36조에 따른 위험성평가 계획 및 절차 수립	확인
	②위험성평가 실시·점검계획 수립 및 실시·보고(반기 1회 이상)	확인
4	재해예방 예산 편성·집행('건설업 산업안전보건관리비 계상 및 사용기준(고용노동부)')	
	①인력, 시설, 장비의 구비를 위해 필요한 예산	이행
	②위험성평가 결과에 따른 유해·위험요인의 개선을 위해 필요한 예산	이행
	③그 밖의 안전보건관리체계 구축 등을 위한 고용노동부 고시 사항	이행
5	안전보건관리책임자등의 업무 권한과 예산 및 업무평가 기준마련 및 평가	
	①안전보건관리책임자등에게 업무 수행에 필요한 권한·예산 부여 조치	확인
	②안전보건관리책임자등의 업무수행 충실도를 평가하는 기준 마련	확인
	③평가계획 수립 및 평가·관리(반기 1회 이상)	확인
6	안전관리자·보건관리자·안전보건관리담당자·산업보건의 정해진 수 이상 배치.	확인
7	종사자 의견청취 절차와 개선방안 마련 및 이행 점검 후 조치	
	①종사자 의견청취 절차 마련	이행
	②이행현황 점검계획 수립 및 점검(반기 1회 이상)	이행

8	중대산업재해 대비 조치매뉴얼 마련, 반기 1회 이상 점검		
	①대응조치, 구호조치, 추가 피해방지 등을 포함한 중대산업재해 조치 매뉴얼 마련	이행	
	②점검계획 수립 및 점검(반기 1회 이상)	이행	
9	제3자에게 도급·용역·위탁 하는 경우, 기준절차 마련하고 이루어지는지 점검		
	①산업재해 예방을 위한 조치 및 기술 평가·안전관리비용·공사기간에 관한 기준과 절차를 포함한 지침 등을 마련	이행	
	②점검계획 수립 및 점검(반기 1회 이상)	이행	
10	재해 발생 시 재발방지 대책의 수립 및 그 이행에 관한 조치	확인	
11	중앙행정기관·지자체가 관계법령에 따라 개선·시정 등 명한 사항 이행 조치	확인	
12	안전·보건 관계 법령에 따른 의무이행 점검		
	①의무이행 점검계획 수립 및 점검(반기 1회 이상)	이행	
	②점검결과 의무가 이행되지 않은 경우 인력 배치나 예산 편성·집행 등 조치	이행	
13	안전·보건 관계 법령에 따른 안전·보건에 관한 교육이 실시되었는지 점검		
	①산업안전보건법 제29조제3항에 따른 유해·위험작업에 대한 안전보건교육(특별교육) 실시여부에 대한 점검계획 수립 및 점검(반기 1회 이상)	이행	
	②실시되지 않은 교육에 대해 지체없이 이행지시, 예산확보 등 교육실시에 필요한 조치	이행	

○ **발주자**

- 관리현황 사업주관부서에 매달 제출

 (⑩재해 재발방지대책, ⑪개선·시정사항 해당 시 증빙 첨부)

13. 유해·위험 작업에 대한 안전·보건 교육 실시 점검 및 조치

1) 주요내용

■ 근거 : 「중대재해처벌법」 제4조 및 같은 법 시행령 제5조제2항제3호 및 제4호에 따라 안전·보건 관계 법령에 따라 의무적으로 실시해야 하는 유해·위험한 작업에 따른 안전·보건에 관한 교육이 실시되었는지를 반기 1회 이상 점검하고, 직접 점검하지 않은 경우에는 점검이 끝난 후 지체 없이 점검결과를 보고받아야 하며, 점검 및 보고를 받은 결과 실시되지 않은 교육에 대해서는 지체 없이 그 이행의 지시, 예산의 확보 등 교육 실시에 필요한 조치를 하여야 한다.

■ 의의 : 사업주 또는 경영책임자등은 안전·보건 관계 법령에 따라 의무적으로 실시해야 하는 유해·위험한 작업에 관한 안전·보건에 관한 교육이 실시되었는지를 반기 1회 이상 점검하거나 직접 점검하지 않은 경우에는 점검이 끝난 후 지체 없이 점검 결과를 보고 받아야 한다.

　유해·위험한 작업에 관한 안전·보건에 관한 교육의 실시 여부에 대한 직접 또는 보고를 받은 결과 실시되지 않은 교육에 대해서는 지체 없이 그 이행의 지시, 예산의 확보 등 교육 실시에 필요한 조치를 하여야 한다.

- **반기 1회 이상 점검** : 안전·보건 관계 법령에 따른 교육 중 유해·위험한 작업에 관한 교육은 모두 포함되므로 그 교육이 유해·위험작업에 관한 것이고 법령상 의무화되어 있는 것이라면 산업안전보건법의 유해·위험작업에 따른 교육이 아닌 경우에도 마땅히 준수되어야 한다.

  경영책임자등은 교육 실시 여부를 반기 1회 이상 점검하고 직접 점검하지 않았다면 점검 결과를 보고받아야 한다.

  교육은 고용노동부장관에게 등록한 안전보건교육기관에 위탁하여 실시할 수도 있다.

- **미실시 교육 조치** : 사업주 또는 경영책임자등이 직접 점검하지 않은 경우에는 점검 완료 후 지체 없이 결과를 보고받아야 하며, 미실시 교육에 대해서는 지체 없이 이행을 지시하고 예산 확보 등 필요한 조치를 하여야 한다. 의무주체가 수급인 등 제3자인 경우 해당 교육을 실시하도록 요구하는 등 필요한 조치를 하여야 한다. 자신이 교육 의무가 없는 경우까지 직접 교육을 하여야 하는 것은 아니며 안전·보건 관

계 법령에 따라 노무를 제공하는 자에게 안전·보건 교육을 해야 할 의무가 있는 자가 교육을 실시해야 한다.

필요한 조치의 하나로 교육을 받지 않은 종사자는 해당 작업에서 배제하는 조치 등을 취할 수 있다.

※ 산업안전보건 등 교육대상·유형별 최저 교육시간

구분	교육구분	교육대상	시기 또는 시간	교육 강사 (기관)
산안법	건설업기초 안전보건교육	건설 근로자	4시간	지정된 교육기관
	신규채용시	신규채용 근로자	작업 전 1시간 이상	안전보건관리책임자, 관리감독자, 안전관리자
	작업내용 변경시	해당작업 근로자	작업 전 1시간 이상	안전보건관리책임자, 관리감독자, 안전관리자
	정기안전보건교육	근로자	매분기 6시간 이상 (수시위험성평가 주기에 따라 분할 실시)	안전보건관리책임자, 관리감독자, 안전관리자
		사무직 종사 근로자	매분기 3시간 이상	
		관리감독자	연간 16시간 이상	안전보건관리책임자, 관리감독자, 안전관리자, 지정된 교육기관
	특별안전보건교육	위험작업자 (시행규칙 별표 8의2)	작업 전 2시간 이상	안전보건관리책임자, 관리감독자, 안전관리자
	직무교육	안전보건관리책임자	신규/보수 6시간 이상	지정된 교육기관
		안전/보건 관리자	신규:34시간 / 보수:24시간	
	특수형태근로 종사자 교육	특수형태 근로자	최초노무:2시간(간혈 1시간) 특별교육:16시간(간혈 2시간)	안전보건관리책임자, 관리감독자, 안전관리자
건진법	정기안전교육	현장 내 전체기술자 작업자 및 직원	매월 1시간 이상	안전관리총괄책임자, 분야별책임자, 담당자 (현장 공사 책임자)
	일상안전교육	현장 당일 공사작업자	매일 공사 착수전 10분이상	분야별책임자, 담당자 (현장 공사 책임자)
	협력업체 안전관리교육	분야별 책임자, 담당자 하도급업체, 안전관리관계자	2주마다 1시간 이상	안전관리총괄책임자
안전보건경영 시스템	현장안전보건 경영매뉴얼	현장 전직원 및 협력업체소장	협의체회의 및 관리감독자교육시	안전·보건관리자
	안전보건목표, 위험성평가 외	〃	〃	안전·보건관리자
	안전보건법규 등	〃	〃	안전·보건관리자

2) 자율 체크리스트

점검내용	점검결과
• 의무적으로 실시해야 하는 법령상의 안전·보건 교육 항목 및 내용과 실시 여부를 반기 1회 이상 파악·점검하고 있다.	적정/ 부적정
• 점검 또는 보고 결과 실시되지 않은 교육은 지체 없이 그 이행의 지시, 예산의 확보 등 필요한 조치를 하고 있다.	적정/ 부적정

3) 사업주 또는 경영책임자 조치할 사항

■ 건설업 등

▶ 유해·위험한 작업에 관한 안전·보건에 관한 교육이 실시되었는지를 반기 1회 이상 점검하거나 직접 점검하지 않은 경우에는 점검이 끝난 후 지체 없이 점검결과를 보고 받음

▶ 점검 또는 보고 받은 결과 실시되지 않은 교육에 대해서는 지체 없이 그 이행의 지시, 예산의 확보 등 교육 실시에 필요한 조치

■ 중앙행정기관 등

▶ 산업안전보건법에 따른 교육대상별 교육 이수

4) 연간 교육계획 수립 서식

연간 교육계획						결재	작성	검토	승인

NO	교육구분			교육과정	일정												대상인원(명)	교육방법(내·외부)	비고
	안전보건	공정안전	수급업체		1월	2월	3월	4월	5월	6월	7월	8월	9월	10월	11월	12월			
1	○			근로자 정기 안전보건교육			○		○		○		○		○		30명	집체(내부)	
2	○			신규채용시 안전보건교육						○							발생 시	집체(내부)	
3	○			관리감독자 안전보건교육					○								9명	집체(외부)	
4	○			특별안전보건교육							○						5명	집체(내부)	
5	○			비상사태대비 교육 및 훈련					○					○			전 사원	집체(내부)	
6	○			물질안전보건교육						○							2명	집체(내부)	
7		○		공정위험성평가 교육									○				10명	집체(외부)	
8			○	작업내용 변경자 교육							○						발생 시	집체(내부)	

5) 연간 교육계획 수립 사례
(1) A회사

2022년도 연간 안전보건 교육계획서

교육구분		교육내용	교육방법	교육일자	교육시간	교육대상	교육강사	비고
정기교육	1월	동절기재해 예방대책	강의식 시청각외		2시간	전직원	관리감독자	교육내용 변경가능
	2월	화학물질의 인화성 및 유해성에 대한 이해	강의식 시청각외		2시간	전직원	관리감독자	교육내용 변경가능
	3월	보호구착용 및 관리요령	강의식 시청각외		2시간	전직원	관리감독자	교육내용 변경가능
	4월	춘곤증 및 봄철 주요 재해 예방	강의식 시청각외		2시간	전직원	관리감독자	교육내용 변경가능
	5월	감전재해 예방	강의식 시청각외		2시간	전직원	관리감독자	교육내용 변경가능
	6월	근골격계 질환의 원인 및 대책	강의식 시청각외		2시간	전직원	관리감독자	교육내용 변경가능
	7월	하절기 안전사고 예방대책	강의식 시청각외		2시간	전직원	관리감독자	교육내용 변경가능
	8월	화기작업안전 및 밀폐공간 작업안전	강의식 시청각외		2시간	전직원	관리감독자	교육내용 변경가능
	9월	기계의 위험성 및 안전대책	강의식 시청각외		2시간	전직원	관리감독자	교육내용 변경가능
	10월	산업재해보상보험 제도에 관한 사항	강의식 시청각외		2시간	전직원	관리감독자	교육내용 변경가능
	11월	차량계 운반기계의 위험 및 예방대책	강의식 시청각외		2시간	전직원	관리감독자	교육내용 변경가능
	12월	겨울철 화재 예방 및 소화기 사용 법	강의식 시청각외		2시간	전직원	관리감독자	교육내용 변경가능
신규채용자교육		·산업안전보건법령에 관한 사항 ·당해설비,기계 및기구의 작업안전점검에 관한 사항	강의식 시청각외	채용후	8시간	채용	관리책임자	
작업내용 변경자		·기계,기구의 위험성과 안전작업방법에관한 사항 ·근로자 건강증진 및 산업간호에 관한 사항 ·물질안전보건자료에 관한 사항	강의식 시청각외	1주차	2시간	변경	관리감독자	
특별안전교육		·사업주는 특별히 유해하거나 위험한 작업에 근로자를 사용할 때에는 그 업무와 관계되는 안전보건에 관한 특별 교육 실시 ·주물 및 단조작업, 로봇작업, 맨홀작업, 밀폐공간에서의 작업, 허가 및 관리대상물질의 제조 또는 취급작업 등 40개의 작업(산안법 시행규칙 별표 8의 2)	강의식 시청각외	작업 투입전 4시간	4시간실시 후12시간 은3개월 이내실시	해당 작업자	관리감독자	
직무교육		안전보건관리책임자교육	인터넷교육	안전보건공단외	6시간이상	선임자	안전보건 공단 외	
기타교육		직장내 성희롱예방				전직원	사업주	
		장애인 인식 개선 교육				전직원	사업주	

(2) B회사 교육실시 조치

제 목 : ○○○ 신청사 건설공사] 작업전 안전교육 및 관리감독자 점검 수행 철저의 件

1. 귀 사의 무궁한 발전을 기원합니다.

2. 관련근거
   가. 건설기술 진흥법 시행령 제65조(건설공사의 안전교육)
   나. 고용노동부령 273호

   ┌─────── [산업안전보건기준에 관한 규칙] ───────┐
   │ 제35조(관리감독자의 유해·위험 방지 업무 등) ① 사업주는 법 제16조제1항에 따른 관리감독
   │ 자(건설업의 경우 직장·조장 및 반장의 지위에서 그 작업을 직접 지휘·감독하는 관리감독자
   │ 를 말하며, 이하 "관리감독자"라 한다)로 하여금 별표2에서 정하는 바에 따라 유해·위험을 방
   │ 지하기 위한 업무를 수행하도록 하여야 한다. <개정 2019.12.26.>
   │ ② 사업주는 별표 3에서 정하는 바에 따라 작업을 시작하기 전에 관리감독자로 하여금 필요
   │ 한 사항을 점검하도록 하여야 한다.
   │ ③ 사업주는 제2항에 따른 점검 결과 이상이 발견되면 즉시 수리하거나 그 밖에 필요한 조
   │ 치를 하여야 한다.
   └──────────────────────────────────────┘

3. 「○○○ 신청사 신축공사」중 표제의 건과 관련하여 작업전 모든 근로자의 작업절차와 역할
분배에 대한 안전교육 및 TBM활동 실시가 미흡하며, 관리감독자가 위험작업의 시작 전 점검을 할 수
있도록 인력배치가 미비한 실정이오니 우리 현장 안전사고 예방을 위하여 조속히 조치하여 주시기 바
랍니다.

■ 첨부 : 1. TBM 운영 가이드 1부.
         2. 작업시작 전 점검사항(별표3) 1부. 끝.

○○○○ 신 청 사 건 설 공 사

현 장 대 리 인   ○ ○ ○

■ 산업안전보건기준에 관한 규칙 [별표 3] <개정 2019. 12. 26.>

작업시작 전 점검사항(제35조제2항 관련)

작업의 종류	점검내용
1. 프레스등을 사용하여 작업을 할 때(제2편제1장제3절)	가. 클러치 및 브레이크의 기능 나. 크랭크축·플라이휠·슬라이드·연결봉 및 연결 나사의 풀림 여부 다. 1행정 1정지기구·급정지장치 및 비상정지장치의 기능 라. 슬라이드 또는 칼날에 의한 위험방지 기구의 기능 마. 프레스의 금형 및 고정볼트 상태 바. 방호장치의 기능 사. 전단기(剪斷機)의 칼날 및 테이블의 상태
2. 로봇의 작동 범위에서 그 로봇에 관하여 교시 등(로봇의 동력원을 차단하고 하는 것은 제외한다)의 작업을 할 때(제2편제1장제13절)	가. 외부 전선의 피복 또는 외장의 손상 유무 나. 매니퓰레이터(manipulator) 작동의 이상 유무 다. 제동장치 및 비상정지장치의 기능
3. 공기압축기를 가동할 때(제2편제1장제7절)	가. 공기저장 압력용기의 외관 상태 나. 드레인밸브(drain valve)의 조작 및 배수 다. 압력방출장치의 기능 라. 언로드밸브(unloading valve)의 기능 마. 윤활유의 상태 바. 회전부의 덮개 또는 울 사. 그 밖의 연결 부위의 이상 유무
4. 크레인을 사용하여 작업을 하는 때(제2편제1장제9절제2관)	가. 권과방지장치·브레이크·클러치 및 운전장치의 기능 나. 주행로의 상측 및 트롤리(trolley)가 횡행하는 레일의 상태 다. 와이어로프가 통하고 있는 곳의 상태
5. 이동식 크레인을 사용하여 작업을 할 때(제2편제1장제9절제3관)	가. 권과방지장치나 그 밖의 경보장치의 기능 나. 브레이크·클러치 및 조정장치의 기능 다. 와이어로프가 통하고 있는 곳 및 작업장소의 지반상태
6. 리프트(자동차정비용 리프트를 포함한다)를 사용하여 작업을 할 때(제2편제1장제9절제4관)	가. 방호장치·브레이크 및 클러치의 기능 나. 와이어로프가 통하고 있는 곳의 상태
7. 곤돌라를 사용하여 작업을 할 때(제2편제1장제9절제5관)	가. 방호장치·브레이크의 기능 나. 와이어로프·슬링와이어(sling wire) 등의 상태
8. 양중기의 와이어로프·달기체인·섬유로프·섬유벨트 또는 훅·샤클·링 등의 철구(이하 "와이어로프등"이라 한다)를	와이어로프등의 이상 유무

사용하여 고리걸이작업을 할 때(제2편제1장제9절제7관)	
9. 지게차를 사용하여 작업을 하는 때(제2편제1장제10절제2관)	가. 제동장치 및 조종장치 기능의 이상 유무 나. 하역장치 및 유압장치 기능의 이상 유무 다. 바퀴의 이상 유무 라. 전조등·후미등·방향지시기 및 경보장치 기능의 이상 유무
10. 구내운반차를 사용하여 작업을 할 때(제2편제1장제10절제3관)	가. 제동장치 및 조종장치 기능의 이상 유무 나. 하역장치 및 유압장치 기능의 이상 유무 다. 바퀴의 이상 유무 라. 전조등·후미등·방향지시기 및 경음기 기능의 이상 유무 마. 충전장치를 포함한 홀더 등의 결합상태의 이상 유무
11. 고소작업대를 사용하여 작업을 할 때(제2편제1장제10절제4관)	가. 비상정지장치 및 비상하강 방지장치 기능의 이상 유무 나. 과부하 방지장치의 작동 유무(와이어로프 또는 체인구동방식의 경우) 다. 아웃트리거 또는 바퀴의 이상 유무 라. 작업면의 기울기 또는 요철 유무 마. 활선작업용 장치의 경우 홈·균열·파손 등 그 밖의 손상 유무
12. 화물자동차를 사용하는 작업을 하게 할 때(제2편제1장제10절제5관)	가. 제동장치 및 조종장치의 기능 나. 하역장치 및 유압장치의 기능 다. 바퀴의 이상 유무
13. 컨베이어등을 사용하여 작업을 할 때(제2편제1장제11절)	가. 원동기 및 풀리(pulley) 기능의 이상 유무 나. 이탈 등의 방지장치 기능의 이상 유무 다. 비상정지장치 기능의 이상 유무 라. 원동기·회전축·기어 및 풀리 등의 덮개 또는 울 등의 이상 유무
14. 차량계 건설기계를 사용하여 작업을 할 때(제2편제1장제12절제1관)	브레이크 및 클러치 등의 기능
14의2. 용접·용단 작업 등의 화재위험작업을 할 때 (제2편제2장제2절)	가. 작업 준비 및 작업 절차 수립 여부 나. 화기작업에 따른 인근 가연성물질에 대한 방호조치 및 소화기구 비치 여부 다. 용접불티 비산방지덮개 또는 용접방화포 등 불꽃·불티 등의 비산을 방지하기 위한 조치 여부 라. 인화성 액체의 증기 또는 인화성 가스가 남아 있지 않도록 하는 환기 조치 여부 마. 작업근로자에 대한 화재예방 및 피난교육 등 비상조치 여부

15. 이동식 방폭구조(防爆構造) 전기기계·기구를 사용할 때(제2편제3장제1절)	전선 및 접속부 상태
16. 근로자가 반복하여 계속적으로 중량물을 취급하는 작업을 할 때(제2편제5장)	가. 중량물 취급의 올바른 자세 및 복장 나. 위험물이 날아 흩어짐에 따른 보호구의 착용 다. 카바이드·생석회(산화칼슘) 등과 같이 온도 상승이나 습기에 의하여 위험성이 존재하는 중량물의 취급방법 라. 그 밖에 하역운반기계등의 적절한 사용방법
17. 양화장치를 사용하여 화물을 싣고 내리는 작업을 할 때(제2편제6장제2절)	가. 양화장치(揚貨裝置)의 작동상태 나. 양화장치에 제한하중을 초과하는 하중을 실었는지 여부
18. 슬링 등을 사용하여 작업을 할 때(제2편제6장제2절)	가. 훅이 붙어 있는 슬링·와이어슬링 등이 매달린 상태 나. 슬링·와이어슬링 등의 상태(작업시작 전 및 작업 중 수시로 점검)

제 2 장

도급인의 안전 및 보건 확보의무

제 2 장 도급인의 안전 및 보건 확보의무

제 1 절 도급사업 개요

1. 도급사업 정의

"도급"이란 명칭에 관계없이 물건의 제조·건설·수리 또는 서비스의 제공, 그 밖의 업무를 타인에게 맡기는 계약을 말한다.

"도급인"이란 물건의 제조·건설·수리 또는 서비스의 제공, 그 밖의 업무를 도급하는 사업주를 말함. 다만, 건설공사발주자는 제외한다.

"수급인"이란 도급인으로부터 물건의 제조·건설·수리 또는 서비스의 제공, 그 밖의 업무를 도급받은 사업주를 말한다.

"관계수급인"이란 도급이 여러 단계에 걸쳐 체결된 경우에 각 단계별로 도급받은 사업주 전부를 말한다.

"건설공사발주자"란 건설공사를 도급하는 자로서 건설공사의 시공을 주도하여 총괄·관리하지 아니하는 자를 말한다.

> ※ **건설공사** : 「건설산업기본법」 제2조제4호에 따른 건설공사, 「전기공사업법」 제2조제1호에 따른 전기공사, 「정보통신공사업법」 제2조제2호에 따른 정보통신공사, 「소방시설공사업법」에 따른 소방시설공사, 「문화재수리 등에 관한 법률」에 따른 문화재수리공사

도급인의 의무는 도급인은 사업장의 유해·위험요인을 가장 잘 알고 있으므로 도급인 사업장에서 작업하는 자신의 근로자와 관계수급인 근로자의 산재예방을 위하여 안전·보건시설의 설치 등 필요한 안전·보건조치 의무가 부여된다.

2. 도급사업 안전보건관리 필요성

산업구조의 변화로 외주화가 확대·심화되고, 특히 유해 작업 등의 도급(원청)에 의해 관계수급인(하청) 근로자의 사망사고가 빈발하고 있어, 수급인 근로자의 산업재해 예방을 위해서는 도급인의 역할 및 하나의 협력적 공동체로 인식하는 것이 중요하다.

수급업체는 도급업체에 비해 상대적으로 안전보건관리능력이 부족한 상태에서 유해·위험작업을 도급받아 작업을 행함에 따라, 수급업체 근로자 사망재해가 지속 발생하여 도급인의 안전보건관리 강화에 대한 사회적 요구가 증가되고 있다.

수급업체는 도급업체에 비하여 위험성이 높은 작업을 수행하는 경우가 많아 산업재해에 노출 가능성이 큼에도 불구하고 작업장소가 도급업체의 지배·관리 하에 수급업체 스스로의 노력만으로는 재해예방이 한계에 있다.

산업안전보건법 전부 개정 법률이 2020년 1월 26일부터 시행되어 도급의 정의 등을 새로 규정하고, 유해한 작업의 도급을 금지하는 등 도급에 관한 산업재해예방 규율체계를 전반적으로 재구축하였다. 유해하거나 위험한 작업은 사내도급을 금지 또는 승인을 받도록 제한하고 승인받은 작업은 재하도급을 금지하도록 하고, 도급 시 산재예방 능력을 갖춘 수급업체에게 도급하도록 적격수급인 선정의무를 신설하였고, 수급인 근로자 보호를 위한 도급인 안전·보건조치

의무에 대한 책임 범위를 대폭 확대하고 도급인 의무 위반 시 처벌 수준도 강화하였다. 관계수급인은 근로자 보호를 위한 협의체 운영 및 작업장 순회점검 등 도급인으로서의 안전 및 보건조치 의무를 강화하였다.

지난 2021년 11월 19일부터 같은 장소에서 이루어지는 도급인과 관계수급인 등의 작업에 있어 작업시기·내용, 안전·보건조치를 확인하고 작업 혼재로 인한 위험이 발생할 우려가 있는 경우 관계수급인 등의 작업시기·내용 등을 조정하도록 도급인의 의무를 신설하였다.

제 2 절 도급인의 안전 및 보건 확보의무

1. 주요내용

- **근거** : 「중대재해처벌법」 제5조에 따라 사업주 또는 경영책임자등은 사업주나 법인 또는 기관이 제3자에게 도급, 용역, 위탁 등을 행한 경우에는 제3자의 종사자에게 중대산업재해가 발생하지 않도록 법 제4조의 조치를 하여야 한다. 다만 사업주나 법인 또는 기관이 그 시설, 장비, 장소 등에 대하여 실질적으로 지배·운영·관리하는 책임이 있는 경우에 한정한다.

- **의의** : 사업주나 법인 또는 기관이 제3자에게 도급, 용역, 위탁 등을 한 경우 사업주나 법인 또는 기관이 사업 또는 사업장에 대하여 실질적으로 지배·운영·관리하는 책임이 있다면, 제3자인 수급인과 수급인의 종사자에 대해서도 법 제4조에 따른 안전·보건 확보의무를 이행해야 한다.

- **제3자에게 도급 등을 행한 경우 법 제4조 조치** : 사업주나 법인 또는 기관이 여러 차례의 도급을 주는 경우에도 그 법인 등이 실질적으로 지배·운영·관리하는 사업 또는 사업장에서 도급 등 업무가 이루어지는 경우 각 단계의 수급인 및 수급인의 종사자는 해

당 사업주나 법인 또는 기관의 종사자에 포함되며, 법 제4조에 따른 안전 및 보건 확보의무의 보호대상이다.

법 제5조는 사업주나 법인 또는 기관이 실질적으로 지배·운영·관리하는 사업 또는 사업장이 아닌 경우에도 그 시설, 장비, 장소 등에 대하여 도급인 등이 실질적으로 지배·운영·관리하는 책임이 있는 경우에는 해당 종사자에 대한 안전 및 보건 확보의무를 부담하여야 한다.

경영책임자가 실질적으로 지배·운영·관리하는 사업 또는 사업장 내에서 도급, 용역, 위탁이 이루어질 때는 도급, 용역, 위탁업체 종사자에게도 경영책임자 소속 근로자와 같은 수준으로 중대재해 예방을 위한 안전조치를 해야 한다. 도급인의 사업 또는 사업장 밖이라도 해당 작업과 관련한 시설, 설비, 장소 등에 대해 소유권, 임차권, 그 밖에 사실상의 지배력을 행사하고 있는 경우에도 종사자의 안전보건 확보를 위한 조치를 해야 한다.

"건설공사발주자" 의 경우 발주도 민법상 도급의 일종이지만 발주자는 종사자가 직접 노무를 제공하는 사업 또는 사업장에 대한 실질적인 지배·운영·관리하는 자가 아닌 주문자에 해당하는 것이 일반적이다. 건설공사발주자는 건설공사 기간 동안 해당 공사 또는 시설·장비·장소 등에 대하여 실질적으로 지배·운영·관리하였다고 볼 만한 사정이 없는 한 해당 건설공사 현장의 종사자에 대하여 도급인으로 법 제4조 또는 제5조에 따른 책임을 부담하지 않는 경우가 일반적이다.

- **실질적으로 지배·운영·관리하는 책임이 있는 경우**
: 중대산업재해 발생 원인을 살펴 해당 시설이나 장비 그리고 장소에 관한 소유권, 임차권, 그 밖에 사실상의 지배력을 가지고 있어 위험에 대한 제어 능력이 있다고 볼 수 있는 경우를 의미합니다.

  도급인의 사업장 내 또는 사업장 밖이라도 도급인이 작업장소를 제공 또는 지정하고 지배·관리하는 장소 [「산업안전보건법 시행령」제11조에 따른 21개(시행령 14개, 시행규칙 7개) 위험장소]에서 작업하는 경우가 아닌 경우에도 해당 작업과 관련한 시설, 설비, 장소 등에 대하여 소유권, 임차권, 그 밖에 사실상의 지배력을 행사하고 있는 경우에는 법 제5조에 따른 책임을 부담하여야 한다.

2. 도급사업 안전보건 활동

1) 안전보건협의체 구성 및 운영
- **근거** : 「산업안전보건법」 제64조제1항제1호, 제75조
- **구성 및 운영** : 도급인 및 수급인 전원으로 협의체를 구성하여 매월 1회 이상 정기적으로 회의를 개최하고 그 결과를 기록·보전하여야 한다.

> ※ 공사금액 120억원(토목공사 150억원) 이상인 건설업은 노사협의체로 안전보건협의체 갈음 가능

- **협의체 계획 수립 시 고려사항** : 협의체 구성 및 운영방안, 협의체 심의의결 사항 및 시행방안, 도급인, 수급인 간 책임과 권한을 명확화하여야 한다.
- **협의사항** : 작업의 시작 시간, 작업 또는 작업장 간의 연락 방법, 재해발생 위험이 있는 경우 대피 방법, 위험성평가의 실시에 관한 사항, 사업주와 수급인 또는 수급인 상호간의 연락방법 및 작업공정의 조정하여야 한다.

2) 작업장의 순회점검
- **근거** : 「산업안전보건법」 제64조제1항제1호, 시행규칙 제80조
- **점검주기** : 도급인 사업주는 작업장을 정기적으로 순회점검(1회/1주)하여야 한다. 관계수급인은 순회점검을 거부 방해 또는 기피해서는 아니 되며, 도급인의 시정요구가 있으면 이에 따라야 한다.

> ※ 건설업은 2일에 1회 이상 실시

3) 작업장 합동 안전·보건점검
- **근거** :「산업안전보건법」제64조제2항, 시행규칙 제82조
- **구성** : 도급인 및 관계수급인 사업주, 도급인 및 관계수급인 근로자 각 1명으로 구성한다.
- **점검주기** : 분기에 1회 이상, 단 건설업은 2개월에 1회 이상 실시하여야 한다.
- **내용** : 도급인 사업주는 수급인 사업주와 점검반을 구성하여 정기·수시로 합동 안전·보건점검을 실시하여야 한다.

4) 안전·보건교육 지원 및 실시 확인
- **근거** :「산업안전보건법」제64조제1항제3호 및 제4호
- **내용** : 도급인은 수급인이 실시하는 근로자 안전·보건교육에 필요한 장소를 제공하거나 자료제공 등의 조치를 취해야 한다. 관계수급인이 근로자에게 특별안전보건교육을 실시하였는지 확인해야 한다. 도급인은 관계수급인이 실시하는 근로자 안전보건교육*에 필요한 장소 및 자료 제공 등을 요청받은 경우 협조하여야 한다.

  * 교육장소, 교육기자재(컴퓨터, 빔프로젝트 등), 안전교육 교재 등

5) 수급업체 위생시설 설치 또는 이용
- **근거** : 「산업안전보건법」 제64조제1항제6호, 시행규칙 제81조
- **내용** : 도급인은 수급인이 위생시설(휴게시설, 세면·목욕시설, 세탁시설, 탈의시설, 수면시설)에 관한 기준을 준수할 수 있도록 수급인에게 위생시설을 설치할 수 있는 장소를 제공하거나 자신의 위생시설을 수급인 근로자가 이용할 수 있도록 적극 협조하여야 한다.

6) 경보체계 운영과 대피방법 등 훈련
- **근거** : 「산업안전보건법」 제64조제1항제5호
- **내용** : 도급인은 수급인 근로자에 대해 발파작업을 하는 경우, 화재·폭발, 토사·구축물의 붕괴 또는 지진 등이 발생할 경우 등에 대비하여 경보체계를 운영하고 경보운영, 대비방법 등을 훈련하여야 한다.

※ 경보장치가 필요한 장소 : 하역운반기계 통로 인접 출입구, 연면적 400㎡ 이상 또는 상시 근로자 50명 이상 옥내 작업장, 폭발 또는 화재발생 위험장소, 급성독성물질 취급 장소, 터널공사 등 인화성 가스 폭발·화재 위험장소, 방사선 업무장소, 냉장실·냉동실 내부

7) 같은 장소 내 관계수급인의 작업시기·내용, 안전보건조치 등의 확인 및 조정
- **근거** :「산업안전보건법」제64조제1항제7호, 제8호
- **내용** : 도급인은 같은 장소에서 도급인과 관계수급인 등의 작업이 이루어지는 경우 관계수급인 등의 작업시기·내용, 안전보건조치 등을 확인해야 하며, 확인 결과 관계수급인 등의 작업 혼재로 인해 화재·폭발 등 위험*이 발생할 우려가 있는 경우 관계수급인 등의 작업시기·내용 등을 조정하여야 한다.

> * 화재·폭발, 끼임, 충돌, 추락, 물체가 떨어지거나 날아올 위험, 전도, 붕괴, 질식·중독

8) 안전보건관리규정의 작성
- **근거** :「산업안전보건법」제25조, 시행규칙 제25조
- **내용** : 안전보건관리규정을 작성하여 각 사업장에 게시하거나 갖춰두고 이를 근로자에게 알려야 한다. 안전보건관리규정*에는 수급인 사업장에 대한 안전·보건관리에 관한 사항이 포함되어 있어야 한다.

> * 총칙(안전보건관리규정 작성의 목적 및 적용 범위에 관한 사항, 사업주 및 근로자의 재해예방 책임 및 의무 등에 관한 사항, 하도급 사업장에 대한 안전·보건관리에 관한 사항), 안전·보건 관리조직과 그 직무, 안전·보건교육, 작업장 안전관리, 작업장 보건관리, 사고 조사

> 및 대책 수립, 위험성평가에 관한 사항(위험성평가의 실시 시기 및 방법, 절차에 관한 사항, 위험성 감소대책 수립 및 시행에 관한 사항)

9) 도급사업 위험성평가
- **근거** : 「산업안전보건법」 제36조, 제62조, 시행규칙 제37조
- **내용** : 위험성평가란 건설물, 기계·기구, 설비·원재료, 가스, 증기, 분진 등에 의하거나 작업행동, 그 밖의 업무에 기인하는 유해·위험요인을 찾아내어 위험성을 결정하고, 그 결과에 따라 필요한 조치를 하려는 일련의 절차이다.

  도급인은 수급인에게 위험성평가 방법에 대한 교육을 실시하는 등 수급인이 자발적으로 위험성평가를 할 수 있도록 지원하여야 한다.

  수급인의 위험성 평가능력이 부족할 경우 도급인이 수급인 작업공정에 대한 위험성 평가를 실시할 필요가 있다.

> ※ 안전보건총괄책임자 직무에 위험성평가에 관한 사항이 포함되어 있으므로, 도급인은 수급인의 작업에 대해서까지 위험성평가를 관리하여야 함.

  산업안전보건법에서는 도급인·수급인 관계없이 위험성평가의 주체를 사업주로 명시하고 있으므로 수급인은 작업 및 해당 사업장에 대한 위험성평가를 직접 실시하여야 하고 도급인이 지원하는 위험성평

가 및 관련 교육에 성실히 참석하여야 한다.

　사업주, 관리자, 근로자 등 구성원 모두가 위험성평가에 참여하여 스스로 위험성평가를 할 수 있는 능력을 배양하여야 하고, 위험성평가를 실시한 후 위험성 평가 대상의 유해위험요인, 위험성평가의 결과, 위험성 결정에 따른 조치사항 등에 대한 자료를 3년간 보존하여야 한다.

※ **절차** : 평가대상의 선정 등 사전준비→근로자의 작업과 관계되는 유해·위험요인의 파악→파악된 유해·위험요인별 위험성의 추정→추정한 위험성이 허용 가능한 위험성 인지 여부의 결정→위험성 감소대책 수립 및 실행→위험성평가 실시내용 및 결과에 관한 기록

10) 작업환경측정
- **근거** : 「산업안전보건법」 제125조, 시행규칙 제186조~제190조
- **내용** : 작업환경측정은 작업 시 소음, 분진, 유기용제 등 유해인자에 대하여 근로자의 노출정도를 측정·평가하여 그 결과에 따라 시설·설비 등을 개선하여 쾌적한 작업환경을 만들기 위한 제도이다.

　사업장 규모에 상관없이 근로자 1명 이상을 고용한 사업장으로서 작업환경측정대상 유해인자에 노출되는 근로자가 있는 작업장이 측정대상이다.

　수급인이 작업환경측정대상 유해인자에 노출되는

작업을 하는 경우 도급인은 수급인의 작업장소를 포함하여 작업환경측정을 실시하여야 한다.

도급인은 작업환경측정 결과를 해당 작업장의 근로자에게 알려야 하며, 그 결과에 따라 해당 시설·설비의 설치·개선 또는 건강진단의 실시 등의 조치를 하여야 한다.

임시작업*, 단시간작업**, 관리대상 유해물질의 허용소비량을 초과하지 않는 작업, 분진작업 적용제외 작업장 등은 작업환경측정대상에서 제외된다.

> * **임시작업** : 일시적으로 작업 중 월 24시간 미만인 작업. 단, 월 10시간 이상 24시간 미만인 작업이 매월 행하여지는 작업은 제외
> ** **단시간작업** : 관리대상 유해물질을 취급하는 시간이 1일 1시간 미만인 작업. 단, 1일 1시간 미만인 작업이 매일 수행되는 경우 제외

11) 도급인의 안전 및 보건에 관한 정보 제공 등
- ■ **근거** : 「산업안전보건법」 제65조, 시행령 제54조, 시행규칙 제83조~제85조
- ■ **대상작업**
  - ▶ 폭발성·발화성·인화성·독성 등 유해성·위험성이 있는 화학물질 또는 그 화학물질을 함유한 혼합물을 제조·사용·운반 또는 저장하는 반응기·증류탑·배관 또는 저장탱크로서 설비를 개조·분

해·해체 또는 철거하는 작업 또는 설비의 내부에서 이루어지는 작업
- ▶ 산소결핍, 유해가스 등으로 인한 질식의 위험이 있는 장소에서 이루어지는 작업
- ▶ 토사·구축물·인공구조물 등의 붕괴 우려가 있는 장소에서 이루어지는 작업 등

■ 제공방법 및 시기 : 해당 작업 시작 전 문서로 제공하여야 한다.

※ 하도급 시 수급인은 도급인에게 제공받은 문서의 사본을 하수급인에게 하도급 작업이 시작되기 전까지 제공하여야 함.

■ 제공자료 : 화학설비 및 그 부족설비에서 제조·사용·운반 또는 저장하는 위험물질 및 관리대상 유해물질의 명칭과 그 유해성·위험성
- ▶ 유해하거나 위험한 작업에 대한 안전·보건상의 주의사항
- ▶ 유해하거나 위험한 물질의 유출 등 사고 발생 시 필요한 조치의 내용

■ 확인의무 : 도급인은 수급인의 근로자가 제공된 정보에 따라 필요한 조치에 따라 작업을 수행하는지 확인하여야 하며, 수급인은 해당 자료를 도급인에게 제출하여야 한다.

■ 정보 미제공 : 수급인은 도급인이 정보를 제공하지 않는 경우 작업을 개시하지 않을 수 있으며, 계약의 이행 지체에 따른 책임을 지지 않는다.

12) 도급인 안전 및 보건조치 의무 위반 시 처벌강화
- **근거** : 「산업안전보건법」 제167조, 제169조, 제174조
- **처벌내용**
  ▸ 도급인의 안전 및 보건조치 의무 위반 시 제재를 강화하여 3년 이하 징역 또는 3천만원 이하의 벌금에 처하도록 한다.

  > ※ 관계수급인이 자신의 근로자 재해예방을 위한 안전·보건조치 의무를 위반하는 경우 5년 이하의 징역 또는 5천만원 이하의 벌금 부과

  ▸ 특히, 도급인의 안전·보건조치 의무를 위반하여 근로자가 사망한 경우 사업주와 동일한 수준으로 7년 이하의 징역 또는 1억원 이하의 벌금을 부과한다.

  > ※ 관계수급인이 안전·보건조치 의무를 위반하여 자신의 근로자가 사망하는 경우 7년 이하의 징역 또는 1억원 이하의 벌금 부과

13) 도급인의 수급인에 시정조치
- **근거** : 「산업안전보건법」 제66조
- **시정내용** : 관계수급인 또는 관계수급인 근로자가 도급받은 작업과 관련하여 법을 위반할 경우 시정하도록 관계수급인에게 필요한 조치를 할 수 있다. 폭발·질식 등 위험이 있는 작업 중 하나를 사내·외 도급하는 경우, 도급받은 작업과 관련하여 수급

인 또는 수급인 근로자가 법을 위반할 경우 수급인에게 시정하도록 수급인에게 필요한 조치를 할 수 있다. 이 경우 도급인의 시정조치 대상은 관계수급인이며, 관계수급인이 고용하고 있는 근로자는 아니다.

14) 작업 혼재 시 작업시기·내용 등의 조정
- **근거** :「산업안전보건법」제64조
- **내용** : 도급인은 관계수급인 근로자가 도급인 사업장에서 작업을 하는 경우 작업시기·내용, 안전조치 및 보건조치 등을 확인하여야 한다. 확인결과 관계수급인 등의 작업 혼재로 인해 화재·폭발 등 위험이 발생할 우려가 있는 경우 관계수급인 등의 작업시기·내용 등을 조정하여야 한다.

3. 적격 수급업체 선정

1) 도급계약 입찰 시 공지사항
   - 도급사업 운영 시 최초 단계에서부터 안전보건에 관한 사항을 위한 안전보건관리 실행과 평가 및 환류를 통해 지속적으로 발전하는 체계를 운영할 필요가 있다.
   - 입찰단계에서부터 수급인 선정 시 안전보건관련 활동계획 제출을 요구하여야 한다. 수급인의 안전보건 수준을 확보하기 위한 체계를 구축하고 지원과 평가를 통한 수급인의 안전보건관리 적정성을 확보하여야 한다.

2) 도급업체 안전보건수준평가
   - 수급업체 안전보건수준평가를 위한 예시
     ▶ 안전보건수준평가 주요항목

○ 안전보건관리체계	
1. 일반원칙	• 도급·수급인의 안전보건방침 적정 여부
2. 계획수립	• 산업재해예방 활동에 대한 수급인의 이행계획 적정 여부
3. 역할 및 책임	• 이행계획 추진을 위한 구성원의 역할 분담(본사, 현장)
○ 실행수준	
4. 위험성평가	• 도급작업의 위험성평가 결과에 대한 이해수준 및 자체 유해·위험요인 평가수준

5. 안전점검	• 안전점검 및 모니터링(보호구 착용 확인 포함)
6. 이행확인	• 안전조치 이행여부 확인(도급업체의 지도·조언에 대한 이행 포함)
7. 교육 및 기록	• 안전보건교육 계획 및 기록관리
8. 안전작업허가	• 유해·위험작업에 대한 안전작업허가 이행수준
○ 운영관리	
9. 신호 및 연락체계	• 도급·수급업체 신호 및 연락체계
10. 위험물질 및 설비	• 유해·위험물질 및 취급 기계·기구·설비의 안전성 확인
11. 비상대책	• 비상시 대피 및 피해 최소화 대책(고용부, 소방서, 병원 포함)
○ 재해발생 수준	
12. 산업재해 현황	• 최근 3년간 산업재해 발생 현황

▶ 평가기준 및 배점

- 도급작업장에서 재해예방의 중요도를 고려하여 평가 항목별로 점수를 부여하여 총 100점 만점으로 구성

> * **안전보건관리체계** : 20점(일반원칙 5, 계획수립 10, 역할 및 책임 5)
> * **실행수준** : 40점(위험성평가 5, 안전점검 10, 이행확인 10, 교육 및 기록 5, 안전작업허가 10)
> * **운영관리** : 20점(신호 및 연락체계 5, 위험물질 및 설비 10, 비상대책 5)
> * **재해발생수준** : 20점

3) 평가결과 선정기준

■ 안전보건수준 등급분류

▶ 등급분류

등급	득점	이행수준
S	90점 이상	도급작업을 안전하게 수행할 역량이 우수함
A	80점 이상	도급작업을 안전하게 수행할 기본적인 역량을 갖춤
B	70점 이상	도급작업을 수행할 안전보건관리 역량이 보통임
C	60점 이상	도급작업을 수행할 안전보건관리 역량이 부족함
D	60점 미만	도급작업을 수행할 안전보건관리 역량이 낮음

▶ 위험작업별 수급업체 선정기준

- 일반작업 : C등급 이상
- 산업재해발생 위험장소 중 화재폭발 우려 장소 및 밀폐공간 이외의 작업장소 : B등급 이상
- 화재폭발 우려장소 및 밀폐공간 작업장소 : A등급 이상
- S등급은 차기 선정 시 안전보건수준평가 면제 또는 인센티브 부여

※ 적격 수급인 선정절차 및 도급계약 시 명시할 사항

입찰단계
「도급작업 안전보건관리계획서」 및 「적격 수급업체 선정가이드라인」 내용을 입찰 설명 시 명확하게 제시

- 도급작업 안전보건관리계획서 주요 사항
  - 안전보건관리 인력의 구성 및 운영 방안
  - 안전보건관리 활동계획
  - 안전보건교육 계획
  - 사용 기계·기구 및 설비의 종류 및 관리 계획
  - 작업관련 실적, 작업자 이력·자격·경력현황
  - 최근 산업재해발생 현황 등
- 수급업체 안전보건수준평가 기준제시
  - 도급작업 시 사망사고 예방에 주안점을 둔 항목으로 구성

계약단계
「수급업체 선정가이드라인」에 따른 수급업체 안전보건관리수준 평가를 통하여 적격 수급업체 선정

- 도급인의 조치 사항과 수급인의 준수 사항을 명확히 함
  - 법규 준수 및 안전보건 조치이행 등에 대한 내용

○ **도급 계약 시 명시할 사항**

- ○ 안전보건교육, 위험성평가
- ○ 안전보건협의체 구성·운영, 안전보건 점검
- ○ 안전보건 정보 제공
- ○ 공사기간 등 준수
- ○ 위생시설 등의 협조, 안전보건조치 이행, 산업재해 현황 제출
- ○ 경보체계 운영과 대피방법 등 훈련

4. 자율 체크리스트

점검내용	점검결과
• 제3자에게 도급, 용역, 위탁 등을 행한 경우 제3자의 종사자에게 중대산업재해가 발생하지 않도록 법 제4조의 조치를 했다.	적정/ 부적정

5. 사업주 또는 경영책임자 조치할 사항

■ 건설업 등

▶ 사업주나 법인 또는 기관이 그 시설, 장비, 장소 등에 대하여 실질적으로 지배·운영·관리하는 책임이 있는 경우에는 제3자에게 도급, 용역, 위탁 등을 행한 경우에는 제3자의 종사자에게 중대산업재해가 발생하지 아니하도록 법 제4조의 조치

※ 법 제4조의 조치
- 재해예방에 필요한 인력 및 예산 등 안전보건관리체계의 구축 및 그 이행에 관한 조치
- 재해 발생 시 재발방지 대책의 수립 및 그 이행에 관한 조치
- 중앙행정기관·지방자치단체가 관계 법령에 따라 개선, 시정 등을 명한 사항의 이행에 관한 조치
- 안전·보건 관계 법령에 따른 의무이행에 필요한 관리상의 조치

■ 중앙행정기관 등

▸ 모든 부서에서는 지침에 따라 계약업체 선정 시 위험성평가 결과, 안전보건 역량 등을 파악할 수 있는 자료를 제출하도록 요구, 과업지시서에 안전보건 확보와 충분한 인력, 예산 및 수행기간*을 명시

> * 시스템 관련 계약의 경우 인건비 감축을 위한 무리한 일정 또는 과소인력 투입 등 위주로 집중 검토

▸ 부내 상주 근무하는 계약업체 직원의 안전·보건 관리 점검은 모든 부서에서 계약서 또는 과업지시서에 명시한 안전보건상의 조치(인력, 예산투입, 안전장구 착용 등)를 수행하는지 점검, 부내 상주 업체 직원의 안전보건 관련 의견 청취 및 개선, 기록

▸ 본부 전담부서에서는 기준 및 절차마련, 주기적 확인

▸ 소속기관에서는 도급, 용역, 위탁 시 기준 및 절차에 따라 이행

6. 수급업체 안전보건수준평가 세부기준 예시

□ 사업장명:

구 분	배점	득점
합 계	100	
A. 안전보건관리체제	20	
B. 실행수준	40	
C. 운영관리	20	
D. 재해발생 수준	20	

□ 평가항목 및 기준

평가항목	평 가 기 준	배점	득점
A. 안전보건관리체제	소계	20	
1. 일반원칙	○ 도급·수급인의 안전보건방침 적정 여부	5	
2. 계획수립	○ 산업재해예방 활동에 대한 수급인의 이행계획 적정 여부	10	
3. 역할 및 책임	○ 이행계획 추진을 위한 구성원의 역할 분담 (본사, 현장)	5	
B. 실행수준	소계	40	
4. 위험성평가	○ 도급작업의 위험성평가 결과에 대한 이해수준 및 자체 유해·위험요인 평가수준	5	
5. 안전점검	○ 안전점검 및 모니터링(보호구 착용확인 포함)	10	
6. 이행확인	○ 안전조치 이행여부 확인(도급업체의 지도조언에 대한 이행 포함)	10	
7. 교육 및 기록	○ 안전보건교육 계획 및 기록관리	5	
8. 안전작업허가	○ 유해·위험작업에 대한 안전작업허가 이행수준	10	
C. 운영관리	소계	20	
9. 신호 및 연락체계	○ 도급·수급업체 간 신호체계 및 연락체계	5	
10. 위험물질 및 설비	○ 유해·위험 물질 및 취급 기계·기구·설비의 안전성 확인	10	
11. 비상대책	○ 비상시 대피 및 피해 최소화대책(고용부, 소방서, 병원 포함)	5	
D. 재해발생 수준	소계	20	
12. 산업재해 현황	○ 최근 3년간 산업재해발생 현황	20	

7. 수급업체 안전보건수준평가 작성 사례

1) A회사 평가기준 및 사례

A. 안전보건관리체계

1. 일반원칙

구 분	우수	보통	미흡
도급·수급인의 안전보건 방침 적정 여부	5	3	1

① 우수
- 도급사업주의 안전보건방침에 따라 적정하게 수립
- 수급사업주의 안전보건방침이 수급업체의 규모와 특성에 적합함
- 안전보건방침에는 안전보건을 확보하기 위한 지속적인 개선 및 실행의지 포함

② 보통 : 안전보건방침의 상호 어긋남이 없으나 수급사업주의 방침 일부 내용이 누락되거나 구체적이 않음

③ 미흡 : 안전보건방침이 상호 어긋나거나 또는 방침이 없거나 또는 내용이 상당부분이 결여됨

2. 계획수립

구 분	우수	보통	미흡
산업재해예방 활동에 대한 수급인의 이행계획 적정여부	10	5	1

① 우수
- 산재예방활동에 따른 수급업체의 이행계획에는 도급업체의 활동에 부합하는 목표와 측정가능한 성과지표가 수립됨
- 이행계획에는 관련법규의 요구사항을 반영하고 인적, 물적 투입범위를 포함

② 보통 : 도급업체 활동에 대한 이행계획이 수립되었으나, 일부내용 누락 또는 구체적이지 않음

③ 미흡 : 이행계획의 상당부분이 결여되거나 법적 요구사항을 충족하지 못함

3. 역할 및 책임

구 분	우수	보통	미흡
이행계획 추진을 위한 구성원의 역할분담(본사.현장)	5	3	1

① 우수
- 이행계획의 효율적 추진을 위한 수급업체 안전보건조직의 구성. 역할. 책임 및 권한 명시(하청업체의 본사 및 현장별 구분)
- 유해. 위험작업을 수행하는 구성원은 업무수행에 필요한 자격과 능력을 가지고 있고. 교육. 훈련을 통하여 자격과 능력을 유지함

② 보통 : 수급업체의 안전보건 조직은 구성되었으나 조직구성원의 역할. 책임과 권한의 일부내용이 누락되거나 구체적이지 않음

③ 미흡 : 안전보건조직이 구성되지 않거나 조직구성원의 역할. 책임과 권한내용의 상당부분이 미흡

B. 실행수준

4. 위험성평가

구 분	우수	보통	미흡
도급업체에서 제공한 도급작업의 위험성 평가 결과에 대한 이해수준 및 자체 유해.위험요인 평가수준	5	3	1

① 우수
- 도급작업의 위험기계. 기구. 유해위험물질 및 위험작업에 대한 아차사고를 포함한 재해사례를 숙지하고 유해.위험요인에 대한 자체 위험성 평가를 실시
- 수급업체 규모 및 위험작업 특성을 고려. 적절한 위험성평가기법으로 절차에 따라 실시

② 보통 : 도급작업에 사용되는 설비.물질 및 작업특성에 대한 유해.위험요인 파악이 일부 누락되거나 자체 위험성평가 결과가 구체적이지 않음

③ 미흡 : 도급작업의 유해.위험요인의 파악이 상당부분 누락되거나 자체 위험성평가
　　　　절차 또는 결과가 없음

5. 안전점검

구 분	우수	보통	미흡
안전점검 및 모니터링(보호구 착용확인 포함)	10	5	1

① 우수
- 도급작업의 화재. 폭발. 질식. 중독. 붕괴등 대형사고 예방을 위한 작업 전.중.후 필수 안전점검 항목을 숙지함
- 안전보건 이행계획별 목표가 달성되고 있는지를 주기적으로 측정함
- 작업개시 전 공정별로 적절한 보호구의 지급과 착용확인 절차에 따라 운영됨

② 보통 : 안전점검 모니터링이 상기 내용의 상당부분을 만족하나. 안전점검항목의 일부
　　　　누락되거나 구체적이지 않음
③ 미흡 : 작업중 또는 작업후의 안전점검 계획이 없거나. 점검항목이 상당부분 누락됨

6. 이행확인.

구 분	우수	보통	미흡
점검결과 개선사항에 대한 안전조치 이행여부 확인절차 (도급업체의 지도조언에 대한 이행 및 확인포함)	10	5	1

① 우수
- 도급업체의 안전보건 지도조언에 대한 개선 및 확인절차가 수립되어 이행
- 안전점검 및 모니터링으로 도출된 유해.위험요인에 대한 안전조치 개선방안이 수립되고 작업개시 전 안전조치 개선완료 확인 및 이행
- 개선사항에 대한 추가위험성 평가 실시 및 해당 작업자에게 결과 주지함

② 보통 : 이행확인절가가 상기내용의 상당다부분을 만족하나. 완료확인. 작업중지 및
　　　　추가 위험성평가등이 일부누락되거나 구체적이지 않음

③ 미흡 : 안전조치 개선방안이 미수립되거나. 안전조치 이행여부 확인이 불분명하는 등
　　　　상기내용의 요건을 상당부분 누락됨

7. 교육 및 기록

구 분	우수	보통	미흡
안전보건교육 계획 및 기록관리	5	3	1

① 우수
- 안전보건교육 종류별로 교육내용, 시기, 대상자, 장소, 성과지표 등을 포함하여 계획 수립됨
- 안전보건교육계획 대비 이수자 현황 및 성과분석 등 교육결과 기록
- 법정교육과정 및 시간 이외에 도급작업의 위험성 평가결과 전파교육등 안전보건 확보를 위한 추가교육 포함

② 보통 : 법정 안전보건교육 요구사항을 준수

③ 미흡 : 법정 안전보건교육 요구사항을 일부 충족하지 못함

8. 안전작업허가

구 분	우수	보통	미흡
유해.위험작업에 대한 안전작업허가 및 관리자 배치계획	10	5	1

① 우수
- 안전작업허가 대상의 종류와 허가절차에 대한 이행계획이 수립됨
- 안전작업허가서 작성자, 검토자 등이 지정되고 역할이 부여됨
- 안전작업허가 절차, 허가서의 기록, 경유 및 보관에 대한 계획이 수립됨

② 보통 : 도급업체의 안전작업허가 대상인 유해.위험작업의 종류와 허가 절차를 준수하기 위한 이행 계획이 수립되어 있으나 작성자, 검토자 등의 지정과 역할 부여가 미흡함

③ 미흡 : 도급업체의 안전작업허가 대상인 유해.위험작업의 종류가 일부 누락되거나 허가절차에 대한 이행계획이 상당부분 결여됨

C. 운영관리

9. 신호 및 연락체계

구 분	우수	보통	미흡
도급·수급업체간 신호 및 연락체계	5	3	1

① 우수
 - 도급작업에서 중량물 취급작업, 밀폐공간작업, 화재폭발위험작업, 정전 및 활선작업 등 신호체계가 필요한 종류와 신호방법 및 LOCK-OUT/TAG-OUT이 구체적으로 수립됨.
 - 도급업체와 수급업체 상호간 연락체계가 구체적으로 수립됨

② 보통 : 도급작업에서 필요한 신호체계, 연락체계가 상기내용의 상당부분을 만족하나 상호간 연락체계가 구체적이지 않음

③ 미흡 : 도급작업에서 필요한 신호 및 연락체계 및 LOCK-OUT/ TAG-OUT이 구체적이지 않거나 상당부분 내용이 누락됨

10. 위험물질 및 설비

구 분	우수	보통	미흡
유해·위험물질 및 취급 기계기구, 설비의 안전성 확인	10	5	1

① 우수
 - 유해·위험 물질 및 취급기계설비에 대한 점검, 정비 등의 관리방법과 책임과 권한에 대한 업무절차가 수립됨
 - 도급업체에서 제공되는 기계설비 또는 자체 기계설비에 대한 위험요인 및 방호조치 내역을 파악 함

② 보통 : 안전성 확인 계획이 상기 내용의 상당부분을 만족하나 기계설비별로 작업 전 작업항목 또는 도급업체에서 제공하는 설비에 대한 위험요인 파악의 일부분 누락이 있거나 업무절차가 구체적이지 않음

③ 미흡 : 유해·위험 물질 및 취급 기계기구 설비에 대한 관리방법과 업무절차가 없거나 또는 상기내용의 상당부분이 누락됨

11. 비상대책

구 분	우수	보통	미흡
비상시 대피 및 피해 최소화 대책 (고용노동부, 소방서, 병원 포함)	5	3	1

① 우수
- 안전사고 발생유형별 비상대응계획이 수립됨.
- 비상대응계획에는 비상연락체계, 책임과 권한, 대응절차 및 사후조치가 포함됨.
- 비상연락체계에는 고용부, 소방서등 유관기관과 피해발생 유형별 연락체계 및 전문 의료기관을 포함

② 보통 : 비상시 대피 및 피해 최소화 대책이 상기내용의 상당부분을 만족하나 소방훈련 등 일부유형의 비상대응 훈련만 실시 됨
③ 미흡 : 사고발생 유형별로 비상대응계획이 누락되거나 책임과 권한, 대응절차 등 비상 대응계획의 상당부분의 누락이 있음

D. 재해발생 수준

12. 산업재해 현황

구 분	우수	보통	미흡
최근 3년간 산업재해 발생현황	20	10	1

① 우수 : 최근휴업을 제외한 2년 동안 무재해사업장을 유지하거나, 3년 연속 동종업종 평균 재해율 미만으로 재해율이 지속적으로 감소함
② 보통 : 2년 연속 동정업종 평균재해율 미만임
③ 미흡: 최근2년동안 사망재해가 있거나, 2년 동안 동종업종 평균재해율 이상임.
※사업장 가동기간이 2년 미만인 경우는 해당 가동 기간만으로 산정
(1년 미만 신규업체는 평가항목에서 재해발생수준을 제외)

적격 수급업체 선정 평가표

사업장명:

구 분	배점	000 컨설팅/지열공사 독점
합 계	100	92
A. 안전보건관리체제	20	16
B. 실행수준	40	38
C. 운영관리	20	18
D. 재해발생 수준	20	20

평가항목 및 기준

평가항목	평가기준	배점	독점
A. 안전보건관리체제 소계		20	16
1. 일반원칙	원청과 하청사업주의 안전보건방침 부합 여부	5	3
2. 계획수립	원청의 산업재해예방 활동에 대한 하청의 이행계획 부합 여부	10	10
3. 구조 및 책임	이행계획 추진을 위한 구성원의 역할 분담(본사, 현장)	5	3
B. 실행수준 소계		40	38
4. 위험성평가	도급작업의 위험성평가 결과에 대한 이해수준 및 자체 유해·위험요인 평가수준	5	5
5. 안전점검	안전점검 및 모니터링(보호구 착용확인 포함)	10	10
6. 이행확인	안전조치 이행여부 확인(원청의 지도조언에 대한 이행 포함)	10	10
7. 교육 및 기록	안전보건교육 계획 및 기록관리	5	3
8. 안전작업허가	유해·위험작업에 대한 안전작업허가 이행수준	10	10
C. 운영관리 소계		20	18
9. 신호 및 연락체계	원청/하청간 신호체계,연락체계	10	10
10. 위험물질 및 설비	유해·위험 물질 및 취급 기계·가구 및 설비의 안전성 확인	5	5
11. 비상대책	비상시 대피 및 피해최소화대책(고용부, 소방서, 병원 포함)	5	3
D. 재해발생 수준 소계		20	20
12. 산업재해 현황	최근 3년간 산업재해 발생 현황	20	20

제 3 장

계약 및 사업관리

제 3 장 계약 및 사업관리

제 1 절 추진배경 및 내용

1. 추진배경

- '22. 1. 27. 중대재해처벌법령에서 도급, 용역, 위탁한 경우 제3자의 종사자에게 중대산업재해가 발생하지 않도록 경영책임자*에게 의무부여

  > * 책임주체 : 중앙부처 및 자치단체 장 등 기관장

- 도급, 용역, 위탁 사업장에서 중대산업재해 발생 시, 경영책임자 처벌 및 법인 양벌 규정
  - ▶ (5년 이내 재범) 부과된 형벌의 1/2 가중하여 처벌
  - ▶ (손해배상 책임) 손해액의 5배를 넘지 아니하는 범위 내에서 배상

중대 산업 재해	• 사망 1명 이상 발생	• 1년 이상 징역 또는 10억원 이하 벌금 • 법인 또는 기관 50억 이하 벌금
	• 6개월 이상 부상자 2명 이상	• 7년 이하 징역 또는 1억원 이하 벌금 • 법인 또는 기관 10억 이하 벌금
	• 직업성 질병자 3명 이상	

☞ 사업 또는 사업장에서 인명피해가 발생하지 않도록 계약 업무 처리절차와 사업부서 감독(검사)공무원의 철저한 관리·감독이 필요

2. 주요내용

- **대상사업** : 물건의 제조·건설·수리 또는 서비스의 제공, 그 밖의 업무를 타인에게 맡기는 **도급, 용역, 위탁** 등으로 추진되는 사업(상시근로자 5명 이상)
  ▸ 다만, 사업주나 법인 또는 기관이 그 시설, 장비, 장소 등에 대하여 실질적으로 지배·운영·관리하는 책임*이 있는 경우에 한정

> * 하나의 사업 목적 하에 해당 사업 또는 사업장의 조직, 인력, 예산 등에 대한 결정을 총괄하여 행사하는 경우
> ※ 상시근로자 50명 미만 사업 또는 사업장(50억 미만 공사)은 '24.1.27.시행

[ex] 용역계약

▸ **부처 및 지자체 등 시설 내부**에서 이뤄지는 유지보수(시스템 유지보수 등)·경비·청소용역 등의 용역인 경우에는 **직접적인 관리·감독이 반드시 필요**
 - 부처 및 지자체 등 시설 외부*에 전담 사업장을 구성한 경우에도 포함될 개연성이 존재하는 경우에는 **직접적인 관리·감독이 반드시 필요**
   * (00000부) 000보험관리지도 통합관리시스템 유지관리(0000빌딩), 국가 000정보시스템(##MS)유지관리(000000빌딩) 등 0000본부 사업 다수

▸ **부처 및 지자체 등 시설 외부**에서 이뤄지는 유지보수 등의 용역인 경우에는 **간접적인 관리·감독(주의의무 주지 등) 필요**

> **[ex] 공사계약**

- **발주자는 종사자가 직접 노무를 제공**하는 사업 또는 사업장에 대한 **실질적인 지배·관리·운영을 하는 자**가 아닌 **주문자**에 해당
  * 공사의 시공을 주도하여 총괄관리 하는지 여부에 따라 구분됨
- 다만, 감독공무원 등은 제3자에게 업무의 도급 등을 하는 경우 **중대산업재해**가 **발생**하지 않도록 **주의의무 요구**

■ 보호대상 : 도급·용역·위탁 등으로 추진되는 사업 또는 사업장의 종사자

■ 관리체계 : 계약의뢰부터 단계별로 부서 및 담당자 역할 부여
▶ 계약의뢰 단계(각 부서 사업담당), 계약체결 단계(회계부서 및 소속기관 계약담당), 사업집행 단계(각 부서 관리·감독 담당)

> **[ex] 계약체결**

- 사업부서의 감독·검사공무원은 **과업지시서, 제안요청서, 규격서, 시방서** 등에 중대재해처벌법령에서 규정한 내용을 작성·반영 (사업부서 → 계약부서 요청)
- **낙찰자를 선정하는 등 계약체결 이전 시점**에서 업체의 안전 및 보건 확보에 관한 요소와 기준을 평가

> **[ex] 사업관리**

- 계약상대자가 도급·용역·위탁 등에 있어 종사자에 대한 **안전 및 보건확보 조치를 수행하고 있는지 등의** 그 이행 여부를 점검

3. 법 시행에 따른 신규 추진사항(비교표)

구 분	현 행	신규 추진사항
관련규정	「국가계약법」 및 동법 시행령, 시행규칙기획재정부 계약 관련 예규	「중대재해처벌법」 및 동법 시행령 등
대 상	부처 및 지자체 등 전 사업	시설, 장비, 장소 등에 대하여 실질적으로 지배·운영·관리하는 책임이 있는 사업

① 계약요청
(사업부서)
	• 계약종류(일반.제한경쟁, 소액수의 등)에 따라 운영지원과 계약관련 서류 제출
	- 계약요청서(디브레인), 사업계획서, 제안요청서, 과업지시서, 산출내역서, 일상감사의견서 등
		• 과업지시서에 안전보건관련 내용 반영
		  * 제안요청서, 시방서, 규격서 등은 과업지시서의 내용을 참고하여 작성
		  ※ 산출내역서에 안전보건관리비용 기준 준수
		  ※ 적정 공사기간 준수
		• 현행 평가기준에 병행하여 「안전보건평가기준」에 의한 평가기준 반영

② 입찰공고 (조달청, 회계부서)	• 추정가격에 따라 조달 또는 자체 공고 ※ (조달) 추정가격 5천만원 이상	< 좌 동 >
③ 평 가 (조달청, 사업부서)	• **협상에 의한 계약**) 「00부 제안서 평가규정」에 의거 기술평가위원회 구성 및 항목별 점수 평가* * (정량) 경영상태 등/ (정성) 사업 이해도, 기술 및 기능, 사업 수행 지원(교육 등) 등 • **기타**) 최저가 낙찰 등 가격평가	• 현행 평가기준에 병행하여 「안전보건평가기준」에 의한 적정성 평가 시행

단계	내용	비고
④ 계약체결 (조달청, 회계부서)	• 업체와 계약체결 후 계약서를 사업부서로 송부	-
⑤ 사업진행 (사업부서)	• 착수계 제출(업체→사업부서→계약부서) • 감독공무원(주무관 또는 사무관급)·검사공무원(팀장급) 지정 후 제출 • 사업진행 사항 관리	• 유해·위험요인 관리카드 작성·점검 • 계약 전 작성한 「안전보건평가 기준」 확행여부 점검
⑥ 완료/ 대금청구 (사업부서)	• 감독 및 검사조서 작성 후, 완료계 등 청구서류 운영지원과 송부	-
⑦ 대금지급 (회계부처)	• 관련 서류 검토 후 최종 지출	-

제 2 절 세부 주요내용

1. 일반적인 안전 및 보건 기준

(법 제4조 및 제5조) 도급·용역·위탁 등을 받는 사업주와 책임자 등의 안전 및 보건 확보 의무
1. 재해예방에 필요한 인력 및 예산 등 **안전보건관리체계의 구축 및 그 이행에 관한 조치**
2. **재해 발생 시 재발방지 대책의 수립 및 그 이행**에 관한 조치
3. 중앙행정기관·지방자치단체가 **관계 법령에 따라 개선, 시정 등을 명한 사항의 이행에 관한 조치**
4. 안전·보건 관계 법령에 따른 **의무이행에 필요한 관리상의 조치**

1) 안전보건관리체계의 구축 및 그 이행에 관한 조치
- 도급·용역·위탁 등을 받는 자가 **스스로 유해위험요인을 파악하여 제거하고 유해·위험요인의 통제방안 마련 및 개선**

2) 재해 발생 시 재발방지 대책의 수립 및 그 이행 조치
- 도급·용역·위탁 등을 받는 자의 **재해발생 보고 절차 마련 및 재해의 재발방지 대책 관련 제도화**

3) 중앙행정기관 및 지자체가 개선·시정을 명한 사항
- 중앙행정기관 및 지자체가 **관계 법령**에 따라 **시행한 개선·시정명령**을 의미

> * **행정청이 처분을 할 때**에는 다른 법령 등에 **특별한 규정이 있는 경우를 제외**하고는 **문서 시행**(행정절차법 제24조)

4) 안전·보건 관계 법령에 따른 의무이행에 필요한 관리상의 조치

- 각 사업장의 안전·보건 관계 법령에 따른 **법적 의무 이행과정**을 전반적으로 점검(모니터링)
- 그 결과를 평가하는 전담 조직을 두어, 도급·용역· 위탁 등을 받는 자가 **법상 의무이행을 해태함**이 없도록 **조치**

☞ **도급·용역·위탁 등을 받는 자로 하여금 상기 의무를 이행하도록 관리·감독 조치**

2. 계약관련 평가 등에 관한 기준

> **(법 시행령 제4조 제9호) 안전보건관리체계의 구축 및 이행 조치**
> 가. 도급, 용역, 위탁 등을 받는 자의 **산업재해 예방을 위한 조치 능력과 기술에 관한 평가기준·절차**
> 나. 도급, 용역, 위탁 등을 받는 자의 안전·보건을 위한 **관리비용에 관한 기준**
> 다. **건설업 및 조선업의 경우** 도급, 용역, 위탁 등을 받는 자의 안전·보건을 위한 **공사기간 또는 건조기간에 관한 기준**

1) 산업재해 예방을 위한 조치 능력과 기술 평가기준 및 절차
- **산업안전보건법**에 명시된 **기본적인 사항의 준수** 및 **중대산업재해 발생 여부** 등을 반영
  ▶ 안전·보건조치를 위한 능력과 기술 역량에 관한 항목도 포함하여 평가기준에 적정한 업체가 선정될 수 있도록 주의

2) 안전·보건을 위한 관리비용에 관한 기준
- 개별적이고 구체적인 사정을 종합적으로 고려*하여 안전·보건을 확보하는데 **충분한 비용을 책정**하되 **구체적인 기준을 제시**

> * 사업 내·외부 전문가의 자문과 실무자와의 협의 등 다양한 검증 절차

- 안전·보건을 위한 관리비용*은 **총 금액이 아닌 가급적 항목별로 구체적인 기준을 제시**

> * ① 수급인이 사용하는 시설, 설비, 장비 등에 대한 안전조치
> ② 보건조치에 필요한 비용
> ③ 종사자의 개인 보호구 등 안전 및 보건 확보를 위한 금액

3) 안전·보건을 위한 공사기간(건설업의 경우)에 관한 기준
- 비용절감 등을 목적으로 공사기간을 계획하면 안되며, 돌발 사태(급박한 위험 상황) 등을 충분히 고려하여 공사기간에 관한 기준 마련

4) 이행여부 점검
- 도급·용역·위탁 등을 하는 자는 기준과 절차에 따라 업체 선정 및 관리비용 집행 등 이행사항에 대해 반기 1회 이상 점검

☞ **도급·용역·위탁 등을 하는 자가 안전·보건사항을 의무적으로 확보하기 위한 방안 마련 필요**

3. 계약요청 및 입찰

도급사업 안전보건관리 운영 매뉴얼(고용노동부)에 따라 **입찰단계에서부터** 수급인의 안전보건 수준을 확보하기 위한 체계를 구축하고, 지원과 평가를 통한 수급인의 안전보건관리 적정수준 확보

1) 과업지시서에 포함될 내용
- 도급 · 용역 · 위탁 등을 받는 자의 **안전보건 수준을 확인**하고 **계약체결 이후의 관리방안** 확보를 위해 필요한 내용에 대한 안내 필요
- 사업부서에서는 대상사업의 여부에 따라 과업지시서 작성 시 '**안전보건관리 계획서**'에 대한 내용 반영

< 안전보건관리 계획서 >
- 안전보건관리 인력의 구성 및 운영방안
- 안전보건관리 활동계획
- 안전보건교육계획
- 사용기계·기구 및 설비의 종류 및 관리 계획
- 작업관련 실적
- 작업자 이력·자격·경력현황
- 안전보건관리규정 유무
- 위험성평가 실시 이행
- 최근 산업재해발생 현황 등

- 안전보건 평가리스트(예시 2) **첨부** 및 제출된 안전보건관리 계획서에 따라 **안전보건 평가가 추진되는 사항** 안내

■ 추가적으로, 사업추진 시 **관련 규정에 따라** 필요한 준수 사항 및 안전대책에 대해 기재

> < 예시 >
>
> - 밀폐공간에서 작업 시 「산업안전보건기준에 관한 규칙」제10장 밀폐공간 작업으로 인한 건강장해의 예방사항을 준수하여야 함
> - 나) 건설기술진흥법에 의한 건설안전
>   1) 건설사업관리자는 사업자가 「건설기술진흥법 시행령」제98조 및 제102조의 규정에 의하여 작성한 건설공사안전관리계획서를 공사 착공 전에 적정성을 확인하여야 하며, 보완하여야 할 사항이 있는 경우에는 사업자에게 이를 보완하도록 하여야 한다.

2) 입찰서류에 포함될 내용

■ 제안요청서, 시방서 등 작성 시 과업지시서 내용을 참고하여 반영

4. 낙찰자 선정 평가

1) 평가내용
   (1) **(평가방법)** 계약상대자가 제출한 안전보건관리계획 등 서류를 확인 후 항목별 적정성 평가(예시 2)

   > * 사업특성에 따라 등급평가 등 별도 평가체제 시행 가능

   (2) **(평가분야 및 항목)** 안전보건관리체제 등 4개 분야 13개 항목

   ■ (안전보건관리체제) 4개 항목

평가항목	평가기준
일반원칙	도급.수급인의 안전보건방침에 대한 적정성 여부
계획수립	산업재해예방 활동에 대한 수급인의 이행계획 적정 여부
역할 및 책임	이행계획 추진을 위한 구성원의 역할 분담 명시
규정	안전보건관리규정 유무

   ■ (실행수준) 5개 항목

평가항목	평가기준
위험성평가	도급작업의 위험성평가 결과에 대한 이해수준 및 유해.위험요인에 대한 자체 위험성 평가 실시.보완계획 여부 등
안전점검	대형사고 예방을 위한 안전점검 및 모니터링 계획 여부
이행확인	점검 결과 개선사항의 안전조치 이행여부 확인 절차
교육 및 기록	안전보건교육 계획 및 기록관리
안전작업허가	유해.위험작업에 대한 안전작업허가 이행 수준

■ (운영관리) 3개 항목

평가항목	평가기준
신호 및 연락체계	도급·수급업체 간에 신호 및 연락체계
위험물질 및 설비	유해.위험물질 및 취급 기계기구.설비에 대한 점검 등 관리방법 및 책임.권한에 대한 업무절차 여부
비상대책	비상시 대피 및 피해 최소화 대책(소방서, 병원 등)

■ (재해발생 수준) 1개 항목

평가항목	평가기준
산업재해 현황	최근 3년간 산업재해 발생현황 및 감소대책

2) 평가활용
■ 계약체결 후 사업관리를 위한 점검 시 체크리스트 활용

5. 사업집행 관리·감독

1) 유해 · 위험요인 (2020 위험성평가 지침 (고용노동부))
- (정의) 유해·위험을 일으킬 잠재적 가능성이 있는 것의 고유한 특징이나 속성
- (점검목록에 의한 분류) <표1>

구 분	유해위험요인 분류
① 기계적인 위험성	• 기계적 동작에 의한 위험 (예: 압착, 절단, 충격 등) • 이동식 작업도구에 의한 위험 (예: 전기톱 등) • 운반수단 및 운반로에 의한 위험 (예: 적하 시 안전, 표시) • 표면에 의한 위험 (예: 돌출, 뾰족한 부분, 미끄러운 부분) • 통제되지 않고 작동되는 부분에 의한 위험 • 미끄러짐, 헛디딤, 추락 등에 의한 위험
② 전기에너지에 의한 위험성	• 전압, 감전 등에 의한 위험 • 고압활선 등에 의한 위험
③ 위험물질에 의한 위험성	• 가연, 발화성물질, 유독물질 등에 의한 위험 • 고위험성 속성을 가진 물질에 의한 위험 (예: 폭발, 발암 등)
④ 생물학적 작업물질에 의한 위험	• 유기물질에 의한 위험 • 유전자 조작물질에 의한 위험 • 알레르기, 유독성 물질 등에 의한 위험
⑤ 화재 및 폭발의 위험성	• 가연성 있는 물질에 의한 화재위험 • 폭발성 물질에 의한 위험 • 폭발력 있는 대기에 의한 위험
⑥ 열에 의한 위험	• 뜨겁거나 차가운 표면에 의한 위험 • 화염, 뜨거운 액체, 증기에 의한 위험 • 냉각가스 등에 의한 위험
⑦ 특수한 신체적 영향에 의한 위험	• 청각장애를 유발하는 소음 등에 의한 위험 • 진동에 의한 위험 • 이상기압 등에 의한 위험

⑧ 방사선에 의한 위험	• 뢴트겐선, 원자로 등에 의한 위험 • 자외선, 적외선 등에 의한 위험 • 전기자기장에 의한 위험
⑨ 작업환경에 의한 위험	• 실내온도, 습도에 의한 위험 • 조명에 의한 위험 • 작업면적, 통로, 비상구 등에 의한 위험
⑩ 신체적 부담에 의한 위험	• 인력에 의한 중량물 이동으로 인한 위험 • 강제적인 신체 자세에 의한 위험 • 불리한 장소적 조건에 의한 동작상의 위험
⑪ 심리적 부담에 의한 위험	• 잘못된 작업조직에 의한 부담 • 과중/과소 요구에 의한 부담 • 조직 내부적 문제로 인한 부담
⑫ 불충분한 정보, 취급 부주의에 의한 위험	• 신호·표시 등의 불충분으로 인한 위험 • 정보부족으로 인한 위험 • 취급상의 결함 등으로 인한 위험
⑬ 그 밖의 위험	• 개인용 보호장구의 사용에 관한 위험 • 동물/식물의 취급상 위험

2) 유해·위험요인 조사 및 관리(산업안전보건법 제36조 위험성평가)

(1) 유해·위험요인 조사 및 사업 추진

- **(조사 항목)** ①사업명, ②사업장, ③유해·위험요인, ④예방 및 대책

- **(조사 내용)**
  ▸ (유해·위험요인) 유해·위험요인 분류(표1)· 중대재해처벌법 시행령 별표 1을 참고하여 조사

> < 예시 >
> ▸(용역) 청소·방역 - 인체에 유해한 염산약품·소독약 사용 및 계단 미끄러짐 등
> ▸(공사) 사무환경 개선 - 절단기 사용에 따른 베임 및 사다리 이용 시 추락 등

▸ (예방 및 대책) 예산·인력·시설·장비 구비 등 구분하여 마련

> < 예시 >
> •(용역) 청소·방역 ─ (교육) 방호장갑 및 마스크 착용 안내 등
>   └ (시설) 계단 미끄럼 방지 테이프 부착 등
> •(공사) 환경 개선 - (교육) 안전모 착용 등 안전교육/ (인력) 현장감독 인력 투입 등

■ (조사 방법) 서면조사(발생 가능한 사례 등) 및 현장점검

> ※ 예시3을 참조하여 관리카드 작성(내부결재 포함) 및 현장 비치

(2) 유해·위험요인 관리

■ (관리 시기) 반기 1회 이상 유해·위험요인 확인 및 개선상태 점검

> ※ 단, 계약기간이 짧을 경우 해당 사업기간내 1회 이상 반드시 실시

■ (관리 내용) 유해·위험요인에 대한 개선방안 및 사고 예방안* 마련

> * 유해·위험요인 제거 또는 예방대책 마련 사항

- (관리 방법) 현장점검 및 점검결과 보고 등

> < 예시 >
>
> - A부서에서는 조사를 통해 작성한 관리카드의 유해·위험요인에 대해 반기별 1회 이상 개선사항*에 대한 점검 실시 후 점검결과 내부결재 추진
>   (예) (용역) 청소·방역 - (시설) 계단·화장실 등 미끄럼 방지 테이프 부착(사진 포함)
> - B부서에서는 공사기간이 3개월 소요되는 사업에 대해 조사를 통해 유해·위험요인을 조사하고 관리카드를 만들어 내부결재를 받고, 현장에 비치
>   - 조사된 유예·위험요인의 예방을 위해 예방대책 마련
>   (예) (공사) 환경 개선 - (인력) 현장감독자 추가 투입 요청 등

3) 안전·보건에 관한 교육

- (교육대상) 실질적으로 지배·운영·관리*하는 도급·용역·위탁 사업집행 각 부서 관리·감독자

  > * 각 부서에서 추진하고 있는 모든 사업이 해당되는 것은 아니라는 의미

- (교육주기) 매년 반복적으로 시행되는 **위탁 사업의 경우 2년***, 교육대상에 해당되는 도급·용역 사업의 경우 **사업발주 전**

  > * 직원 인사이동으로 인한 근무기간 고려

- (이수방법) 안전·보건관리 전문 교육기관*에서 사이

버교육 또는 집합교육으로 이수

> * 전문 교육기관의 교육프로그램에 대하여 매년 회계부서에서 안내

▶ 이와 병행하여 부처 및 지자체 등에서 매년 1회 외부 전문강사 초빙 직무교육(집합 또는 영상) 실시

<중대재해처벌법령상 교육관련>

- **안전·보건 교육의 실시 여부를 반기 1회 이상 점검**
  - 안전·보건 관계 법령에 따른 교육 중 유해·위험한 작업에 관한 교육은 그 종사자에게 모두 실시
  - 또한 다른 법령에서 유해·위험작업에 관한 것이고 법령상 의무화 되어 있으면 마땅히 교육 이행 준수
    * 예) 항공안전법상 위물취급에 관한 교육(항공안전법 제72조)
       선박안전법상 위험물 안전운송 교육(선박안전법 제41조의2) 등
- **교육 이행의 지시, 예산의 확보 등 교육 실시에 필요한 조치**
  - 개인사업주 또는 경영책임자 등이 직접 점검하지 않을 경우 점검완료 후 지체 없이 결과를 보고 받고 미실시 교육에 대해서는 이행을 지시하고 예산 확보 등 조치
    ※ 교육의무주체가 수급인 등 제3자인 경우 해당 교육을 실시하도록 요구하는 등 필요한 조치
  - 교육을 받지 않은 종사자는 유해·위험작업에서 배제하는 조치
- **경영책임자 등의 안전보건 교육의 수강**
  - 중대산업재해가 발생한 경영책임자(법인 또는 기관) 등의 **안전보건교육 이수 (총 20시간 범위내 이수)**
    ※ 중대재해처벌법 제8조제1항을 위반하여 경영책임자등의 안전보건교육을 정당한 사유 없이 이행하지 않은 경우 5천만원 이하의 과태료를 부과

예시1 과업지시서 등에 반영할 내용

※ 「도급사업 안전보건관리 운영 매뉴얼(고용노동부)」 참조

1 안전보건관리계획서

1. 과업개요

2. 과업의 상세내용

  가. 과업의 범위

  나. 단계별 임무

    1) ○○○○

  다. 안전관리

    1) 안전보건관리 계획서 제출

    - 계약상대자는 안전한 작업환경 조성을 위해 본 공사 또는 용역에 대한 안전보건계획서를 작성한 후 제출하여야 한다.

    2) 안전보건관리 평가

    - 계약상대자는 제출된 안전보건계획서에 대한 평가를 통해 미비한 부분은 대책마련 및 개선을 해야 한다.

    - 제출된 안전보건계획서에 대한 평가기준은 다음과 같다.

② 안전보건관리 평가 기준

3. 안전보건관리 평가 기준

o 4개분야 13개 항목에 대한 적정여부 평가

o (평가분야) 안전보건관리체제, 실행수준, 운영관리, 재해발생 수준

o (평가항목)

 - (안전보건관리체제) 일반원칙, 계획수립, 역할 및 책임, 규정

 - (실행수준) 위험성평가, 안전점검, 이행확인, 교육 및 기록, 안전작업허가

 - (운영관리) 신호 및 연락체계, 위험물질 및 설비, 비상대책

 - (재해발생 수준) 산업재해 현황

예시2 | **안전보건 적정성 평가기준**

※ 「도급사업 안전보건관리 운영 매뉴얼(고용노동부)」 참조

평가항목	평가기준	적정/부적정
☐ 안전보건관리체제		
1. 일반원칙	• 도급·수급인의 안전보건방침에 대한 적정성 • 안전보건을 확보하기 위한 지속적인 개선 및 실행계획 포함 여부	
2. 계획수립	• 산업재해예방 활동에 대한 수급인의 이행계획 적정 여부(목표와 측정 가능한 성과지표 여부) • 인적·물적 투입범위 등 이행계획 적정 여부	
3. 역할 및 책임	• 이행계획 추진을 위한 구성원의 역할분담 명시 여부	
4. 규정	• 안전보건관리규정 여부	
☐ 실행수준		
5. 위험성평가	• 도급작업의 위험성평가 결과에 대한 이해 수준 • 유해·위험요인에 대한 자체 위험성 평가 실시·보완계획 여부 등	
6. 안전점검	• 안전점검 및 모니터링 계획(보호구 착용확인 포함)	
7. 이행확인	• 안전조치 이행여부 확인 절차 (도급업체의 지도조언에 대한 이행 포함)	

8. 교육 및 기록	• 안전보건교육 계획 및 기록관리	
9. 안전작업허가	• 유해·위험작업에 대한 안전작업허가 이행 수준 절차 여부 • 관리자 배치 계획 등	

☐ **운영관리**

10. 신호 및 연락체계	• 도급·수급업체간에 중량물 취급작업, 밀폐공간작업, 화재폭발위험 작업 등 신호 및 연락체계 수립 여부	
11. 위험물질 및 설비	• 유해·위험물질 및 취급 기계기구·설비에 대한 점검 등 관리방법 및 책임·권한에 대한 업무절차 여부	
12. 비상대책	• 안전사고 발생유형별 비상대응계획 수립, 비상 시 대피 등 대응·훈련절차 여부 • 피해 최소화 대책(소방서, 병원 등)	

☐ **재해발생 수준**

13. 산업재해 현황	• 최근3년간 산업재해발생 현황	

※ 평가기준과 절차(체크리스트)는 계약상대자의 특성, 규모, 개별 업무의 내용 등을 종합적으로 고려하여 사업부서에서 자유롭게 마련하여 사용

※ 마련된 기준과 절차에 따라 업체가 선정되고 있는지를 반기 1회 이상 필히 점검

※ 계약절차 진행 중 실제로 계약이 제대로 이행되는지도 점검

예시3 　사업 또는 사업장 유해·위험요인 관리카드

부 서		담당자	감독	
사업명			검사	

□ 개 요

○ 공사(용역) 기간 : '00.00.00 ~ '00.00.00
○ 장   소 : ○○○
○ 사업기간

사업단계별	사업기간	비고

□ 안전·보건 관련 점검사항

일시	유해·위험요인	예방 및 대책	미비점에 대한 개선사항

□ 안전·보건 교육 실시 현황

일시	교육내용	교육대상	교육 시 건의내용

참고문헌

참고문헌

[1] 고용노동부. (2021.8.). 산업재해 예방을 위한 안전보건관리체계 가이드북.

[2] 고용노동부. (2021.11.). 중대재해처벌법 해설(중대산업재해).

[3] 고용노동부. (2021.12.). 도급사업 안전보건관리 운영매뉴얼.

[4] 고용노동부. (2021.12.). 건설업 중대산업재해 예방을 위한 자율점검표.

[5] 고용노동부. (2022.1.). 중대재해처벌법령 FAQ 중대산업재해 부문.

[6] 고용노동부. (2022.3.). 경영책임자와 관리자가 알아야 할 중대재해처벌법 따라 하기(중소기업 '중대산업재해 예방'을 위한 안내서).

[7] 고용노동부. (2022.3.). 중앙행정기관 중대재해 예방 매뉴얼(산업안전보건법·중대재해처벌법 대비).

[8] 박하용. (2021.10.25.). 시설물 안전점검 및 현장점검 A to Z. 사마출판.

[9] 박하용. (2022.2.16.). 중대재해 예방 시설물 안전점검 길잡이. 사마출판.

[10] 행정안전부. (2022.1.). 중대재해처벌법 시행에 따른 계약 및 사업관리 안내.

[11] 행정안전부. (2022.1.). 중대산업재해 대응 매뉴얼(공통사항).

[12] 행정안전부. (2022.1.). 안전보건경영방침.

[13] 행정안전부. (2022.2.). 중대재해처벌법에 따른 안전·보건 확보 의무(1장).

[14] 행정안전부. (2022.2.). 중대재해처벌법 관련 교육과목 우선순위 조사.

[15] 행정안전부. (2022.3.). 2022년 정부합동안전점검단 점검결과, 부처·지자체 소관 공사장 중대재해처벌법 관련 자료.

[16] 행정안전부. (2022.3.). 정부세종신청사 중대산업재해 예방을 위한 의무이행 제반사항(건설, 소방, 전기, 통신).

[17] 국어사전. 네이버 국어사전(ko.dict.naver.com).

[18] 법제처. 국가법령정보센터(www.law.go.kr).

편저자 소개

편저자

박 하 용

- 학력) 광운대학교 환경대학원 졸업 공학석사
  (재난안전관리 전공)

- 근무) 경북 성주군청, 충북 청주시청, 충북도청,
  소방방재청, 국민안전처, 행정안전부

- 자격) 건축특급기술자, ESG EXPERT,
  초미세먼지관리사, 재난관리사, 행정사,
  건축기사, 건축설비산업기사 등

- 저서) 사례중심 건설업 및 시설물관리 중대재해
  안전보건확보의무 가이드(사마출판),
  중대재해 예방 시설물 안전점검 길잡이(사마출판),
  시설물 안전점검 및 현장점검 A to Z(사마출판),
  미세먼지에 대한 시설별 및 기관별
  현장점검 실무(사마출판), 공연·행사장
  안전매뉴얼, 안전길잡이, 안전생활가이드
  작성 총괄('06)

- 논문) 건축물 재난사고 실태분석을 통한
  안전점검체계 개선방안 연구('20.8.)

- 상훈) 근정 포장('14), 대통령 표창('10),
  국무총리 표창('97), 중앙우수제안 포상('16)

- 강의) 국가민방위재난안전교육원,
  우정공무원교육원, 부산·경북인재개발원,
  울산대학교, 한국비시피협회

- 현) 행정안전부 정부합동안전점검단장

사례중심 건설업 및 시설물관리 중대재해 안전보건확보의무 가이드

초판인쇄 2022. 5. 10.
초판발행 2022. 5. 15.

> 저자와의 협의에 의해 인지 첨부를 생략합니다.

편 저 자 박하용
발 행 인 이지오

발 행 처 사마출판
주　　소 서울특별시 중구 퇴계로 45길 19, 402호
등　　록 제301-2011-049호
전　　화 02-3789-0909

정　　가 25,000원

ISBN 979-11-92118-15-4 13530

· 이 책의 모든 출판권은 사마출판에 있습니다.
· 본서의 독특한 내용과 해설의 모방을 금합니다.
· 잘못된 책은 판매처에서 바꿔 드립니다.